KB147722

The Professional
Japanese
Dishes

고급일식조리

이훈희 · 김성곤 · 이병국 공저

백산출판사

현대사회가 글로벌화되어 가면서 우리의 음식문화도 많은 변화를 겪고 있습니다.

경제성장으로 인하여 외식산업이 발달함에 따라 고급요리로만 인식되던 日本料理가 점차 대중화되면서 일식조리에 대한 관심도 높아지고 있습니다.

하지만 현장에서 학생들을 지도하다 보면 아직까지도 일본요리는 어렵다고 생각하여 쉽게 포기하거나 두려워하는 경우가 많았습니다.

또한 각자 다른 방식의 강의로 인하여 학생들에게 혼란을 주는 경우도 있었습니다.

이에 본인은 교육현장에서의 맞춤형 교재의 필요성을 느껴 많이 부족하지만 지난 10여 년간의 호텔 실무와 다년간의 강의 경험을 바탕으로 감히 교육용 일식조리 교재를 집필하게 되었습니다.

본 교재는 전반적인 일본요리의 이해를 돕기 위하여 이론적인 부분과 함께 현장과 가정에서 쉽게 따라하고 처음 요리를 배우는 학생들에게 친숙하면서도 어렵지 않게 따라할 수 있는 메뉴들로 구성하였습니다.

이론편에서는 일본요리의 개요, 역사, 특징, 지역별 분류, 일식 주방의 구성과 분류, 도구, 생선 손질법 및 복어의 형태, 종류, 효능 등에 관하여 이론적 배경을 함께 설명하였습니다.

실기편에서는 현장이나 가정에서 응용 가능한 메뉴들과 복어조리 산업기사 조리과정을 사진과 함께 자세히 설명하였습니다.

마지막 부록편에서는 일본요리에서 많이 사용되는 대표적인 식자재 명칭과 조리용어를 한글과 일본어로 풀어서 설명하였습니다.

이 교재가 일본요리를 배우고 싶어 하는 학생들에게 조금이나마 도움이 되었으면 좋겠고 교육현장에서 학생들을 위해 노력하시는 여러 교수님들께 누가 되지 않기를 바랍니다.

아울러 부족한 부분들은 계속해서 노력하고 수정·보완하여 보다 완벽한 교재가 될 수 있도록 노력하겠습니다.

끝으로 이 책이 세상에 나오기까지 사진작업을 위해 수고해 주신 이광진 작가님과 처음부터 끝까지 물심양면으로 여러 도움을 주신 백산출판사 이경희 부장님 그리고 이 책이 완성되기까지 많은 도움을 준 제자들에게 깊이 감사드립니다.

저자 일동

제1장 일본요리 이론 11

1. 일본요리의 개요 12

2. 일본요리의 분류 14
   1) 지역적 분류 14
   2) 형식적 분류 15
   3) 일본요리를 담는 기본 16

3. 일본요리의 주방조직 및 분류 17
   1) 관동지방의 주방조직 17
   2) 관서지방의 주방조직 18

4. 일본요리의 도구와 식재료 19
   1) 일본의 조리도와 숫돌 19
   2) 칼의 종류와 용도 20
   3) 숫돌의 종류 및 사용방법 21
   4) 일본주방의 도구 23
   5) 일본요리의 기본 썰기 30
   6) 생선 및 식자재 명칭 33

5. 일본요리의 조미료 49
   1) 설탕(砂糖) 49
   2) 소금(塩) 49
   3) 식초 51
   4) 간장 52
   5) 된장 53

6. 일본요리의 유형 54

　1) 진미(珍味) 54

　2) 전채(前菜) 57

　3) 국물요리(汁物) 58

　4) 생선회(刺身) 60

　5) 조림(煮物) 69

　6) 구이(燒物) 72

　7) 찜(蒸物) 77

　8) 튀김(揚物) 81

　9) 초밥(鮨, 壽司) 86

　10) 우동(饂飩) 95

7. 생선의 손질방법 96

　1) 도미 손질법 96

　2) 광어 손질법 98

　3) 학꽁치 손질법 100

　4) 농어 손질법 102

　5) 우럭 손질법 104

제2장 일본요리 실기 107

돈카츠덮밥 108

닭꼬치구이 110

냄비우동 112

에비마요 114

장어구이 116

고등어 된장조림 118

소고기 감자조림 120

다이나마이트롤 122

유부초밥 124

가키아게 126

치킨 가라아게 128

붓가케우동 130

냉소면 132

차슈동 134

돈지루 136

치킨 남방 138

스파이시 튜나롤 140

도미양념구이 142

게살 크림 고로케 144

타마고 멘치까스 146

크림카레우동 148

닭고기덮밥 150

모둠초밥 152

모둠생선회 154

모둠냄비 156

제3장 복어요리 159

1. 복어의 형태 및 생태..........................160

2. 복어의 종류....................................161

3. 복어의 독......................................161

4. 복어의 효능....................................162

5. 복요리..163

　　1) 복어 손질방법 163

　　2) 복어조리기능사 168

복어회 171

복 껍질초회 172

복어죽 173

복 지리 174

복 껍질 굳힘 175

복어 양념튀김 176

부록 일식조리용어 177

제1장

일본요리 이론

Japanese Dishes

일본은 아시아의 북동쪽에 위치한 섬나라로 혼슈(本州), 규슈(九州), 시코쿠(四園), 홋카이도(北海島)의 4섬으로 이루어졌으며 6,800여 개의 크고 작은 섬들이 있다.

수도는 동경(東京)이며, 면적 37만 2313km², 인구는 약 1억 3000만 명이다.

일본인은 대부분 아시아몽골인종에 속하고, 선주민족(先住民族)으로 아이누설·코로포크설이 있으나, 최근에는 일본 석기시대인이 현대 일본인의 조상이라는 설이 유력하다. 언어는 일본어가 통용되며, 동경어를 기반으로 하는 언어가 매스컴, 교과서, 의회, 법정 등에서 표준어로 쓰이고 있다. 그러나 지역마다 독특한 방언이 있어 지위, 직업, 성별에 따라 언어적 차이가 심하다. 역사적으로 보면 중국어의 영향을 많이 받았으나 알타이어계통에 속한다고 한다.

일본은 1868년 메이지유신(明治維新)으로 막부정치가 끝나고 천황 중심의 중앙집권적 통치제도를 확립하여 근대자본주의를 본격적으로 도입하기 시작하였다.

1889년 제국헌법을 공포하여 입헌군주제의 기틀을 마련하였으며, 1890년 7월 제국의회가 성립되어 아시아에서 최초로 의회제도를 확립하였다. 일본인은 두 가지 이상의 종교를 가진 사람이 많다. 1999년 현재 종교별 신도 수의 비율은 불교가 48.2%, 신도(神道: 자연숭배·조상숭배를 기본으로 하는 일본 고유의 종교로, 신사를 중심으로 발달한 신사신도가 주류)가 51.2%를 차지하여 일본의 양대 종교가 되고 있고, 그 밖에 신·구교를 합친 그리스도교가 0.6% 등이다.

일본열도는 북에서 남으로 길게 뻗어 있고 바다로 둘러싸여 있으며 지형·기후에 변화가 많아 4계절의 변화가 뚜렷하다. 그에 따라 각 계절마다 생산되는 재료의 종류가 많고 그 맛이 다양하며 섬나라 특성상 해산물이 풍부하다.

또한, 쌀을 주식으로 하고 농산물과 해산물을 부식으로 하여 식문화가 형성되었는데 이러한 일본요리는 맛이 담백하고 색채와 모양이 아름다우며 풍미가 뛰어나다. 그러나 이러한 면에 치우쳐서 때로는 식품의 영양적 효과를 고려하지 않는 경우도 있었는데, 제2차 세계대전 후로는 서양 식생활의 영향을 받아 서양과 중국풍의 요리가 등장하게 되면서 영양 면도 고려하게 되었다. 또한 일상의 가정요리도 새로운 식품의 개발과 인스턴트식품의 보급으로 다양하게 변화하였다.

일본인의 전통적인 식생활에서는 육식의 요소가 약하다고 볼 수 있다. 일본의 음식문화 형성은 중국 대륙의 농경문화와 남방의 해양문화가 각기 중요한 역할을 하고 있음이 여러 요리법에서 나타나고 있다.

일본요리는 8세기와 9세기에 걸쳐 중국으로부터 젓가락 문화와 간장이 들어오며 자연스럽게 중국의 영향을 받게 되었다. 또한 6세기경 한국에서 불교가 전해지며 육식을 자제하였고 13세기경 중국으로부터 다시 선종 불교가 들어오면서 엄한 채식주의가 강요되었다. 16세기 포르투갈 상인들에 의해 덴푸라(天婦羅)와 같은 요리법이 등장하고 감자, 토란, 고구마 같은 구근 채소 및 호박 등이 들어오며 식재료가 다양성을 띠게 되었다.

1338년 교토에 무로마치 막부가 세워진 후 요리도 함께 발달하였는데 이 당시는 외국과의 교류무역이 성행하면서 서양의 요리기법들이 유입되기 시작하였다. 난반요리(南方料理)로 통칭되는 이 요리들은 채식주의였던 일본의 식문화에 서서히 육식을 가미하기 시작했다. 이렇듯 일본의 식문화는 서양의 것들을 받아들이면서 다양한 변화를 맞이하게 되었지만 그들의 문화를 그대로 받아들이기보다는 일본의 식문화와 결합시켜 새로운 형태의 양식요리들을 발전시키며 일본만의 독특한 식문화를 형성하였다. 이에 따라 지금도 일본의 풍토 속에서 독자적인 양념이나 조리법이 발달한 화식(和食)과 서양요리를 일본인에 맞게 개량한 것을 가리키는 양식(洋食)이 공존하며 발달하였다.

19세기 초에 이르러 혼젠요리(本膳料理), 쇼진요리(精進料理), 가이세키요리(懷石料理), 중화요리(中華料理), 난반요리(南方料理) 등이 어우러지며 일본 특유의 음식문화가 완성되었다. 이후 메이지유신을 계기로 서양요리 기술이 급속히 들어오며 일본인들의 식생활에 큰 변화를 가져오게 되었다.

이러한 일본요리는 2013년 유네스코가 지정하는 세계무형유산에 음식문화로는 프랑스, 지중해, 멕시코 요리에 이어 세계에서 4번째로 등재되었다. 또한, 우리나라를 비롯하여 아시아, 유럽, 남미, 미주 등 해외 각국에 스시, 사시미, 덴푸라, 우동, 라멘 등의 이름으로 널리 알려져 있다.

1) 지역적 분류

일본요리는 지역에 따라 관동요리(關東料理)와 관서요리(關西料理)로 나누어지고 또한, 요리의 형식에 따라 본선요리(本膳料理)와 회석요리(懷石料理), 정진요리(精進料理), 보차요리(普茶料理), 탁복요리(卓袱料理) 등으로 나누어진다. 여기서 회석요리는 같은 이름이지만 전혀 다른 형식을 나타내는 懷石料理와 會席料理로 나눌 수 있다.

(1) 관동요리(關東料理)

도쿄, 요코하마, 하코네, 닛코 지역 등을 말한다.

에도요리라고도 하며 도쿄만의 옛 이름인 에도마에(江戸前)와 스미다가와(隅田川) 등에서 잡은 어패류를 사용한 요리이다. 무가(武家) 및 사회적 지위가 높은 사람들에게 제공하기 위한 의례요리가 발달하였으며 요리의 맛이 달고 짜고 자극적이며 농후한 맛을 내는 것이 특징이다.

또한 진간장을 주로 사용하며 색과 간을 강하게 하여 국물이 적은 요리가 주를 이루고 있다. 대표적인 요리로는 초밥, 튀김, 민물장어, 메밀국수 등이 있다.

(2) 관서요리(關西料理)

오카야마, 오사카, 고베, 교토 지역 등을 말한다.

교토 부근을 뜻하는 가미가다 요리(上方料理)라고도 하며 역사가 길고 교토와 오사카를 중심으로 발달하였다.

교토요리는 바다로부터 멀리 떨어져 있으며 물이 좋아서 야채와 건어물을 사용한 요리가 발달되었고, 오사카요리는 바다가 가깝고 어패류를 많이 접할 수 있어서 생선요리가 발달되었다.

관동요리에서는 진간장을 주로 사용하는 반면 관서요리에서는 연간장을 주로 사용하여 식재료 본연의 맛과 형태를 최대한 살리는 요리를 하며 연한 맛과 국물이 많은 것이 특징이다.

2) 형식적 분류

(1) 본선요리(本膳料理)

관혼상제의 경우에 정식으로 차리는 의식 요리를 말한다.

식단은 국과 요리의 수에 따라 구분하는데 1즙3채(一汁三菜), 2즙5채(二汁五菜), 3즙7채(三汁七菜) 등을 기본으로 하며, 1즙5채(一汁五菜), 2즙7채(二汁七菜) 3즙9채(三汁九菜) 등으로 변형되기도 한다. 즙(汁)은 국을 뜻하며 채(菜)는 반찬을 뜻한다. 이와 같은 형식이 갖추어진 것은 에도시대이며, 메이지시대에 와서 민간에까지 일반화되었다.

각각의 손님마다 상(膳)이 따로 차려지는데 상이나 음식을 놓는 위치가 정해져 있다. 이처럼 본선요리는 그 차림에 있어서 엄격한 예법에 따르는데 상차림과 먹는 방법이 복잡하여 요즈음에는 상당부분 간소화되었다.

(2) 회석요리(懷石料理)

차를 대접하기 전에 내는 간단한 음식을 말한다.

회석의 유래는 선종이 수업 중 한기와 공복을 견디기 위하여 따뜻하게 한 돌을 품에 지녔는데 이처럼 일즙일채(一汁一菜), 일즙삼채(一汁三菜) 등 배고픔을 견디는 정도의 가벼운 식사라는 의미로 차를 마실 때 행하는 식사를 말한다. 차를 대접하기 전에 가벼운 식사를 하는 이유는 차를 맛있게 마시고 공복 시에 자극적인 것을 피하기 위한 것이다.

(3) 회석요리(會席料理)

에도시대부터 이어져 온 연회용 정식요리이다. 일본의 정식요리인 본선요리(本膳料理)를 간단하게 변형한 것이다. 결혼식이나 공식연회 또는 손님을 접대할 때 사용한다. 식단의 형태는 국과 생선회를 먼저 차리고 다음 요리를 차례로 낸다.

보통 1즙3채(一汁三菜), 1즙5채(一汁五菜), 2즙5채(二汁五菜)를 이용한다. 요리는 손님의 취향에 맞추어 계절에 어울리는 것으로 준비하며, 각 음식마다 일본요리의 5법에 맞게 서로 같은 재료, 같은 요리법, 같은 맛이 중복되지 않도록 구성하는 것이 중요하다. 또한 음식의 맛과 색, 모양을 감안하여 요리하고, 그릇에 담을 때도 그릇의 모양과 재질까지 고려하여야 한다.

〈 회석요리(會席料理)의 구성 〉

① 先附(센쓰께), 小附(고스께) : 진미

② 前菜(젠사이) : 전채요리

③ 吸物(스이모노), 椀(완) : 맑은국

④ 刺身(사시미), 造り(쯔쿠리) : 생선회

⑤ 煮物(니모노) : 조림요리

⑥ 燒物(야키모노) : 구이요리

⑦ 揚物(아게모노) : 튀김요리

⑧ 强肴(시이자카나) : 술을 권할 때 내는 요리

⑨ 酢物(스노모노) : 초회

⑩ 止椀(도메완) : 그치는 국물요리-보통은 일본식 된장국(赤だし)이 제공됨

⑪ 食事(쇼쿠지) : 식사 또는 면 요리

⑫ 甘味(아마미) : 후식

(4) 정진요리(精進料理)

일본의 사찰요리로써 육류나 어패류 등 동물성 재료를 사용하지 않고 곡물이나 채소 등의 식물성 재료와 해조류를 사용한 요리이다.

불교에서 수행 중 잡념을 버리고 정신을 수양한다는 뜻으로 음식도 하나의 수행이라는 선의 정신을 근거로 한 식사법이다.

3) 일본요리를 담는 기본

요리는 만드는 법도 중요하지만 그에 못지않게 담는 방법 또한 매우 중요하다. 요즘은 형식에 크게 구애받지 않으며 요리를 담아내는 방법도 매우 다양하지만 가급적 기본이 되는 원칙은 지킬 수 있도록 하는 것 역시 필요하다.

- 접시 바깥쪽에서 자기 앞쪽으로 오른쪽에서 왼쪽으로 담는 것이 기본이다.
- 민물생선과 바다생선이 함께 나올 때에는 민물생선은 오른쪽, 바다생선은 왼쪽에 담는다.
- 기수로 담는 것을 원칙으로 하고 10은 기수로 친다.
- 계절감을 충분히 살려 담는다.

- 민물생선의 경우 살이 위에 보이도록 담고 바다생선의 경우는 껍질이 위로 보이도록 담는다.
- 먹는 사람이 젓가락으로 집어먹기 쉽도록 배려하여 요리를 담는다.

3 일본요리의 주방조직 및 분류

1) 관동지방의 주방조직

일본요리는 지역적인 특성과 주방의 규모에 따라서 조직도가 다르게 형성된다. 관동지방의 주방조직은 보편적으로 위에서부터 이타마에(板前), 니가타(煮方), 야키가타(燒方), 다치마와리(立回り), 아라이바(流い方) 등의 순서로 구성되지만 주방의 규모에 따라서 이타마에를 보조하는 와키이타(協板)나 니가타를 보조하는 와키나베(協鍋) 또는 모리가타(盛り方)를 두기도 한다.

① 이타마에(板前)
생선회를 썰고, 요리 전체의 맛을 관리할 뿐만 아니라, 차림표(献立) 작성 및 주방 전체를 파악하고 관리하는 역할을 한다.

② 니가타(煮方)
끓이거나 조리는 등 맛과 간을 조절하는 가장 중요한 위치로서 오랜 경험이 필요하며 주방의 맛을 나타내는 위치이다.

③ 야키카타(燒方)
구이요리를 전담하는 파트로 구이요리의 전처리 및 곁들임 준비 등 구이요리의 모든 것을 전담한다.

④ 다치마와리(立ち回り)
니가타(煮方)나 야키카타(燒方), 모리쓰케(盛り付) 등을 돌아다니며 식재료 손질이나 기타 조리법을 도와주며 일을 배우고 보조를 한다.

⑤ 모리가타(盛り方)
전반적으로 고객에게 제공되는 요리를 일정한 그릇에 담는 일을 담당한다.

⑥ 아라이가타(洗い方)

어패류나 채소의 기초 손질 및 세척을 담당하며 생선의 포를 뜨는 역할을 한다. 아라이가타의 최고참을 다테아라이(立て洗い)라 한다.

2) 관서지방의 주방조직

관서지방의 주방조직은 위에서부터 주방장을 뜻하는 싱(眞), 끓이고 간을 하며 음식 전체의 맛을 내는 니카타(煮方), 생선이나 야채를 손질하는 무코우이타(向こう板), 구이요리를 담당하는 야키바(燒き場), 기초 식재료 손질을 담당하는 아라이카타(洗い方), 주로 채소를 다루거나 생선류의 기초손질 및 생선회를 제외한 전반적인 요리를 그릇에 담는 모리츠케(盛り付)로 이루어지며 그 밖에도 특별히 주어진 전담업무가 없이 제일 밑에서 심부름을 하거나 기초적인 식재료 손질을 도우며 주방 전체의 흐름과 업무를 파악하는 사람을 아라이가타(流い方) 또는 호우슈(坊主)라고 부른다. 또한 주방의 규모에 따라 니가타에서 주방장 역할을 하는 경우도 있는데 이러한 사람을 가타싱(方眞)이라 부르며 주방장을 보조하는 사람인 다테이타(立板), 끓이는 사람을 보조하는 사람인 와키나베(協鍋), 칼판을 보조하는 사람인 와키이타(協板)를 두기도 한다.

① 싱(眞)

주방장을 말하며, 관동지방의 이타마에와 같이 차림표(獻立) 작성 및 조리 전체를 관리한다. 주방장 보조하는 다테이타는 실질적인 주방장의 역할을 하며 생선회를 자르거나 주방 전체를 장악하여 업무를 지시하고 관리한다.

② 니카타(煮方)

끓이거나 조리는 등 주방의 맛을 책임지고 관리하는 역할을 수행하며, 이를 보조하는 역할을 하는 사람을 와키나베라 한다.

③ 무코우이타(向板)

칼판을 담당하며 차림표에 따라 주로 생선류를 손질하고 각 재료를 니가타나 야키바 등 파트별로 배분하는 일을 한다. 또한, 냉장고를 유지·관리하며 이를 보조하는 사람을 와키이타라고 한다.

④ 야키바(燒方)

주로 구이요리와 곁들임을 담당하며 상황에 따라 튀김이나 찜요리를 담당하는 경우도 있다.

⑤ 모리쓰케(盛り付)

주로 채소를 다루고 일본김치인 오싱코(お新香) 및 생선회를 제외한 모든 요리를 그릇에 담는 일을 담당한다.

▲ 니가타(煮方)

4 일본요리의 도구와 식재료

1) 일본의 조리도와 숫돌

일본요리에 사용되는 칼의 종류에는 수십 가지가 있다.

대부분의 일본 조리도는 편날(片刀)로 되어 있는데 일반적으로 편날(片刀)의 칼이 재료와 닿는 면적과 저항이 적어 재료를 깎거나 절삭함에 있어서 절단면이 보다 매끄럽고 깨끗하기 때문이다.

일본 조리도는 다른 분야의 조리도에 비해 폭이 좁고 긴 것이 많은데 이는 일본요리의 특성상 생선을 조리하기에 적합하게 발달하였기 때문이다.

이처럼 일본요리는 칼에서 시작하여 칼로 마무리되는 음식이라 할 수 있다. 때문에 조리사가 얼마나 자신의 도구를 잘 다루고 관리하는가 하는 것은 그 조리사의 기본적인 정신자세를 판가름할 수 있는 중요한 부분이라고 볼 수 있다.

2) 칼의 종류와 용도

(1) 생선회 칼(刺身庖丁)

생선회를 자를 때 사용하는 칼이다.

칼끝이 뾰족하게 생겼으며 흔히 사시미 칼이라고 하지만 칼날이 버들잎 모양을 닮았다 하여 야나기보우쵸라고도 한다. 원래는 관서지방형 칼이었으나 근래에는 지역 구분 없이 가장 대표적으로 널리 사용된다. 관동지방형은 다꼬히키보우쵸라 하여 끝이 뭉툭하며 야나기보우쵸에 비해 날이 얇은 것이 특징으로 주로 복어회를 썰 때 사용한다. 사시미 칼은 다른 칼에 비해 비교적 가늘고 긴 것이 특징이며 칼날의 경우는 보통 27~30cm를 가장 선호한다. 칼을 갈 때에는 중간숫돌(中砥)에서부터 마무리 숫돌(仕上げ砥)로 갈아준다.

▲ 관서형 칼(야나기보우쵸)

▲ 관동형 칼(다꼬히키보우쵸)

(2) 데바 칼(出刀庖丁)

주로 생선의 포를 뜨거나 토막을 칠 때 또는 뼈를 자를 때 사용하는 칼이다. 칼의 종류는 크기에 따라 여러 가지가 있지만 일반 칼에 비해 칼이 두껍고 무게가 나가는 것이 특징이다. 칼을 갈 때는 일반적으로 굵은 숫돌(砥혻)에 갈아준다.

(3) 야채칼(薄刀庖丁)

주로 야채를 자르거나 썰기, 돌려
깎기할 때 사용한다. 칼날이 얇기 때문
에 단단한 재료에는 사용하지 않는다.
칼을 사용할 때는 당기지 말고 밀면서
잘라야 한다.

우스바보우쵸도 관동형과 관서형으
로 나뉘는데 관동형은 끝이 뭉툭하며
관서형은 끝이 둥그스름한 것이 특징이다.

▲ 야채칼

이 밖에도 장어를 손질할 때 사용하는 우나기보우쵸(鰻庖丁), 면을 자를 때
사용하는 소바기리(そば切り), 초밥을 자를 때 사용하는 스시기리(すし切り) 등
이 있다.

3) 숫돌의 종류 및 사용방법

숫돌의 종류는 입자가 거친 순으로 굵은 숫돌(荒砥), 중간 숫돌(中砥), 마무리
숫돌(仕上げ砥)로 나누어진다. 또한, 천연 숫돌과 인조 숫돌로 나눌 수 있는데 천
연 숫돌은 화산재가 수천 년 동안 침식되며 굳어져서 만들어진 것이다. 그렇기
때문에 인조 숫돌처럼 입자의 크기로 종류를 나누는 것이 아니라 얇아질수록 부
드러운 숫돌이 된다. 또한, 사람이 직접 채취하는 것이기 때문에 상당히 고가의
제품들이 많으며 재질이 균일하지 않고 채굴에 한계라는 단점 때문에 요즘에는
보편적으로 인조 숫돌을 주로 사용하고 있다.

(1) 굵은 숫돌(荒砥)

입자가 굵고 거칠며 숫돌의 경도 또한 무르다. 주로 칼날이 크게 손상되었거나 처음 연마할 때 초벌용으로 많이 사용한다.

(2) 중간 숫돌(中砥)

숫돌의 입자와 단단함이 중간 정도이며 굵은 숫돌로 초벌 연마를 한 뒤 거친 칼의 면을 부드럽게 하고 날을 세워주는 용도로 사용한다.

(3) 마무리 숫돌(仕上げ砥)

중간 숫돌로 칼날을 연마한 후 더욱 정교하게 연마할 때 사용하며 4000방 이상의 숫돌은 칼날의 미세한 흠집 등을 제거하며 보다 광택을 더해 줄 때 사용한다. 또한 마무리 숫돌은 칼의 재질에 따라 달리 사용하는데 탄소강 계열의 칼은 6000방 이상의 입자가 고운 숫돌을 사용하지만 스테인리스 계열의 칼은 오히려 광택을 잃어버릴 수 있기 때문에 4000방 이상은 사용할 필요가 없다.

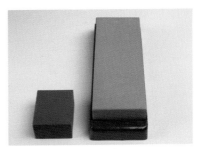

▲ 굵은 숫돌

▲ 중간 숫돌

▲ 마무리 숫돌

(4) 숫돌의 올바른 사용방법

- 숫돌을 사용하기 전에 미리 물에 10~20분간 담가 충분히 수분을 흡수시켜 주고 칼을 가는 중간에도 계속해서 물을 적셔주어야만 마찰이 생기지 않고 지분이 생겨 부드럽게 갈린다.
- 숫돌 받침대나 젖은 행주를 깔아 숫돌이 밀리지 않도록 단단히 고정시켜 준다.
- 숫돌을 사용하고 난 후에는 곱고 평평한 바닥이나 비슷한 굵기의 숫돌로 면 고르기를 해 숫돌 면을 평평하게 유지시켜야 항상 일정하게 칼을 갈 수 있다.
- 사용이 끝난 숫돌은 깨끗이 닦아서 보관한다.

(5) 칼 가는 방법

- 칼날을 앞으로 향하게 놓고 숫돌에 약 45도 각도로 밀착시켜 놓는다.
- 양쪽 다리를 어깨넓이로 벌리고 오른쪽 다리를 뒤로 조금 뺀 다음 상체를 앞으로 살짝 숙여 자세를 고정시킨다.
- 오른손으로 칼을 잡고 왼손으로 칼날을 살포시 눌러 흔들리지 않도록 고정시킨다.
- 칼날 쪽을 갈 때는 밀면서 힘을 주고 반대편은 당길 때 힘을 준다. 이때 앞날과 뒷날의 비율은 8:2에서 9:1 정도로 갈아준다.
- 잘 갈린 칼은 마무리 숫돌로 부드럽고 광택이 나도록 연마해 준다.
- 칼 갈기가 끝난 후에는 손잡이 부분까지 깨끗이 닦고 칼날은 숫돌 냄새가 나지 않도록 부드러운 천에 세제를 묻혀 닦은 후 무를 이용하여 다시 한 번 닦아 마른행주로 물기를 완전히 제거한다.

4) 일본주방의 도구

(1) 알루미늄 냄비

가볍고 열전도가 빨라 사용하기 편한 장점이 있다. 반면에 산이나 알칼리, 고온에 약하다는 단점이 있다. 때문에 산성이나 알칼리성에 내성을 강화하기 위하여 표면에 산화막을 입힌 알루마이트 가공 처리를 하기도 한다. 특히 관서지방에서는 작업공간이나 작업의 효율성을 높이기 위해 손잡이가 없는

▲ 알루미늄 냄비

야토코 나베를 주로 사용한다.

(2) 철 냄비(鐵製)

스키야키나 튀김냄비에 주로 사용되는 것으로 두께가 있어 튼튼하며 열전도 및 보온력이 비교적 뛰어나지만 녹슬기 쉽고 철 특유의 냄새가 나는 것이 단점이다.

하지만 뜨겁게 달궈 물로 잘 씻은 후 건조하여 기름을 얇게 발라두면 어느 정도 단점을 보완할 수 있다.

▲ 철냄비

(3) 토기냄비(土器)

흙으로 구운 것으로 열전도가 좋고 보온력이 우수하다.

사용하기 전 쌀뜨물에 담가 놓거나 끓는 물에 은근히 끓여주면 토기냄비 특유의 냄새가 없어지고 강도도 증가된다.

▲ 토기냄비

(4) 찜통(蒸し器)

증기를 이용하여 재료에 열을 가하는 데 사용된다.

보통 스테인리스 재질이나 목재를 사용하는데 근래에는 보관이나 관리의 어려움 때문에 목재보다 스테인리스 재질의 찜통을 널리 사용한다.

▲ 찜통

(5) 튀김냄비(揚鍋)

기름의 온도를 일정하게 유지시키고 열 손실을 줄이기 위해 두껍고 깊이가 있으며 넓고 바닥이 평평한 것이 좋다.

▲ 튀김냄비

(6) 덮밥냄비(丼鍋)

소고기덮밥이나 닭고기덮밥 등 여러 덮밥을 만들 때 사용한다.

보통 1인분 양을 담을 정도로 되어 있어 조리하기가 편하고 밥 위에 재료를 올릴 때 형태를 유지할 수 있어 편리하다.

▲ 덮밥냄비

(7) 계란말이 냄비(卵燒鍋)

다시마끼나베라고도 한다. 동(銅)으로 된 제품을 사용하는 것이 좋으며 직사각형태가 좋다.

▲ 계란말이 냄비

(8) 집게(やっとこ)

손잡이가 긴 집게라는 뜻으로 보통은 관서형의 손잡이가 없는 냄비를 집을 때 사용한다.

▲ 집게

(9) 초밥 버무림 통(半切り)

초밥용 밥을 배합초와 버무릴 때 사용하는 것으로 대부분 히노키라는 노송나무를 사용하여 만든다. 보통 초밥용 밥은 뜨거울 때 비벼주는데 이때 나무가 수분을 흡수하는 역할을 하기 때문에 밥이 질척해지는 것을 방지해 준다. 사용 시에는 물을 한번 흡수시켜 주어야만 밥알이 달라붙는 것을 방지하고 배합초가 나무에 흡수되는 것을 막아준다.

(10) 조림용 뚜껑(落蓋)

조림요리를 할 때 사용하는 것으로 냄비의 직경보다 약간 작은 것을 사용하여 재료를 덮어줌으로써 국물이 재료 전체에 골고루 스며들게 하는 역할을 한다. 나무로 되어 있는 것이 좋으나 요즘은 스테인리스 재질에 크기 조절이 가능한 것도 있다. 또한

▲ 조림용 뚜껑

종이로 만들어진 가미부타(紙蓋)라는 것이 있는데 이는 채소류나 부드러운 생선 등 물러지기 쉬운 재료를 조릴 때 재료가 물러지지 않도록 해주며 공기와의 접촉도 막아 산화를 방지하는 역할도 한다.

(11) 비늘치기(鱗引き)

생선의 비늘을 제거할 때 사용하는 기구이다.

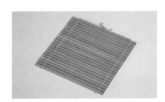

▲ 비늘치기

(12) 김발(巻き簾)

김초밥이나 삶은 채소 등을 말 때 사용하는 것이다.

'교우스다레'라고 하여 얇은 대나무로 만든 것과 굵은 대나무로 안쪽이 삼각형으로 되어 있는 오니스다레(鬼簾)가 있다.

▲ 김발

(13) 뼈 제거기(骨拔)

생선의 작은 가시를 발라낼 때 사용하는 기구이다.

▲ 뼈 제거기

(14) 강판(卸金)

주로 무나 와사비, 생강 등을 갈 때 사용한다.

옛날에는 판자에 대나무를 촘촘히 찔러 만들었으나 요즘은 스테인리스나 동, 알루미늄 등으로 만든 것이 대부분이다. 한쪽은 돌기가 굵으며 반대쪽은 가늘고 촘촘하다. 굵은 쪽은 무나 생강 등을, 가는 쪽은 와사비를 갈 때 사용하면 좋다.

▲ 강판

사이가 촘촘하므로 사용 후에는 꼬챙이를 이용하여 이물질을 완벽히 제거하

여 보관해야 한다.

(15) 나무종이(薄板)

나무를 종이처럼 얇게 깎은 것을 말한다. 포 뜬 생선을 감싸 보관하거나 각종 요리의 장식에 많이 사용된다.

▲ 나무종이

(16) 절구, 봉(擂鉢, 擂分木)

산마 등을 곱게 갈기도 하며 깨, 생선살 등을 갈거나 으깨는 데 사용하는 도구이며 흙으로 만들어 구운 것으로 안쪽에는 빗살무늬 같은 홈이 있다. 스리코기는 나무봉으로 재료를 짓이기거나 섞을 때 사용한다.

▲ 절구, 봉

(17) 굳힘 틀(流し箱)

양갱이나 여러 가지 굳힘요리를 할 때 사용하는 것으로 정사각형에 이중으로 되어 있어 굳힌 요리를 빼내기 쉽게 되어 있다. '나가시캉'이라고도 한다.

▲ 굳힘 틀

(18) 누름 틀(押し箱)

상자초밥을 만들 때 눌러서 형태를 만드는 도구로 사각형의 상자와 모양을 찍어내는 틀 두 종류가 있다. 보통은 목재로 되어 있으며 재료를 넣고 초밥용 밥을 넣어 뚜껑을 누르면 모양 잡힌 초밥이 된다. 사용 전에는 물로 적셔주어야 밥알이 달라붙는 것을 방지할 수 있고 스테인리스나 합성수지로 만든 것도 있다.

(19) 체(裏漉し)

가루를 내리거나 거를 때 사용하는 도구이다.

원형의 나무판에 망을 씌운 것으로 체의 크기나 망의 굵기가 다양하다. 요즘은 스테인리스로 된 것을 많이 사용한다.

(20) 꼬챙이(串)

주로 생선구이에 사용하는 것으로 스테인리스 재질의 쇠꼬치와 대나무로 만든 꼬치가 있다. 굵기와 길이가 다양하므로 용도에 맞게 골라 써야 한다.

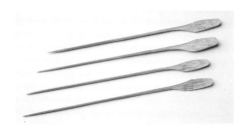 

(21) 모양 틀(抜形)

채소 등의 재료를 눌러서 모양을 찍어내는 도구로 그 형태는 다양하며 원하는 모양과 크기 등에 맞추어 사용한다.

(22) 젓가락(箸) : 하시

요리를 만들거나 반찬을 각자의 접시에 덜 때 쓰는 긴 젓가락으로 대나무 제품인 사이바시(菜箸)와 금속재질로 만들어진 가나바시(金箸) 두 종류가 있다.

(23) 고무주걱(ゴムバラ)

그릇에 남아 있는 재료를 달라붙지 않게 긁어모을 때 사용하는 도구이다.

(24) 붓(刷毛)

요리에 양념장을 바르거나 재료에 가루를 묻힐 때 또는 털어낼 때 사용하는 도구이다.

▲ 고무주걱

(25) 거품기(泡立て器)

거품을 내거나 재료를 골고루 혼합할 때 사용하는 도구이다.

▲ 거품기

(26) 뒤집개(一文字)

젓가락으로 뒤집기 힘든 부드러운 음식이나 큰 재료를 뒤집을 때 사용하는 스테인리스 재질로 만든 넓고 평평한 일종의 주걱을 말한다.

▲ 뒤집개

(27) 거름 망(網)

우리가 흔히 말하는 체와는 조금 다른 용도로 사용되며 그물이란 뜻으로 국물에 있는 재료를 건져내거나 튀김의 재료를 건져낼 때 사용하는 도구이다.

5) 일본요리의 기본 썰기

일본요리에서는 각각의 재료나 조리방법에 따라 자르는 방법이 다양하다. 각각의 특성에 따라 맛과 모양, 그리고 조리를 함에 있어서의 편리함을 고려하여 써는 방법을 결정하여야 한다. 또한 썰기를 하는 방법에는 칼의 어느 부분을 사용하느냐와 밀어서 썰어야 할지 당겨서 썰어야 할지를 구분하여야 한다. 같은 조리법에 같은 재료라 하더라도 어떠한 기물을 선택하여 담느냐에 따라 써는 방법을 달리하여야 한다.

(1) 둥글게 자르기(輪切り わぎり)

당근이나 무같이 둥근 모양의 재료를 원형 그대로 자르는 방법이다.

▲ 둥글게 자르기

(2) 반달모양 자르기(半月切り はんげつぎり)

　반달처럼 생겼다고 해서 붙여진 명칭으로 둥글게 자른 것을 다시 반으로 자른 모양이다.

▲ 반달모양 자르기

(3) 은행잎 자르기(銀杏切り いちょうぎり)

　둥근 재료를 십(十)자형으로 자른 것으로 은행잎 모양을 닮아 붙여진 명칭이다.

▲ 은행잎 자르기

(4) 어슷 자르기(斜切り ななめぎり)

　대파나 오이같이 긴 재료를 어슷하게 써는 방법이다.

▲ 어슷 자르기

(5) 사각기둥 자르기(拍子切り ひょしきぎり)

　재료를 길이 4~5cm, 두께 1cm 정도의 사각 막대 모양으로 자르는 방법이다.

▲ 사각기둥 자르기

(6) 사각채 자르기(短冊切り たんざくぎり)

　당근이나 무를 높이 1cm, 폭 4~5cm 정도로 얇고 넓게 자르는 방법이다.

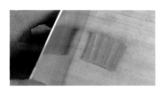
▲ 사각채 자르기

(7) 두껍게 채썰기(千六本切り せんろっぽんぎり)

　재료를 성냥개비 두께 정도로 채써는 방법이다.

▲ 두껍게 채썰기

(8) 채썰기(千切り せんぎり)

　재료를 4~5cm 정도 길이로 잘라 가늘게 채써는 방법이다.

▲ 채썰기

(9) 바늘썰기(針切り はりぎり)

주로 김이나 생강 등을 일반적인 채썰기보다 더 가늘게 채써는 방법으로 바늘처럼 가늘게 써는 방식이다.

▲ 바늘썰기

(10) 주사위 모양 자르기(采の目切り さいのめぎり)

재료를 사방 약 1cm 정도의 주사위 모양으로 써는 방법이다.

▲ 주사위 모양 자르기

(11) 잘게 자르기(霰切り あられぎり)

재료를 사방 0.5cm 정도 크기로 자르는 방법이다.

(12) 곱게 자르기(微塵切り みじんぎり)

채썬 재료를 곱게 다지듯이 자르는 방법이다.

▲ 잘게 자르기

(13) 마구썰기(亂切り らんぎり)

일정한 형식 없이 재료를 돌려가며 비스듬히 써는 방법이다.

▲ 곱게 자르기

(14) 연필깎기(笹缺 ささがき)

주로 우엉에 많이 사용하는 방법으로 재료를 연필 깎듯이 손으로 돌려가며 대나무잎 모양으로 깎는 방법이다.

▲ 마구썰기

(15) 돌려깎기(桂剝 かつらむき)

무, 당근, 오이 등의 둥근 재료를 돌려가며 얇고 길게 깎는 방법이다.

▲ 연필깎기

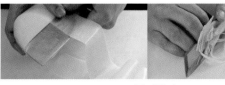

▲ 돌려깎기

(16) 면 다듬기(面取り めんとり)

당근이나 무와 같이 각썰기한 재료를 조리거나 삶을 때 부서지지 않게 하기 위해 모서리 부분을 다듬는 방법이다.

▲ 면 다듬기

6) 생선 및 식자재 명칭

일본은 바다로 둘러싸여 있어 해산물이 풍부하고 이를 이용한 여러 조리방법이 발달한 나라이다. 역사적으로 육식을 금하던 시기가 있기도 했지만 섬나라 특성상 자연스레 어패류를 이용한 요리가 발달되었으며 우리가 흔히 알고 있는 생선회나 생선초밥, 구이, 찜 등이 그 대표적인 예라 할 수 있다.

또한, 우리나라와 같이 생선을 절이거나 건조시키고, 발효시켜 조미료의 형태로도 사용되고 있다. 일찍이 서구사회의 문물을 받아들여 육류를 이용한 음식이 대중화되어 있음에도 현재 일본을 대표하는 요리는 어패류를 중심으로 한 것들이 더욱 많은 것도 이와 같은 이유일 것이다.

(1) 신선한 어패류의 선택방법

① 생선

눈이 맑고 튀어나왔으며 살을 눌러보았을 때 탄력이 있어야 한다. 또한 배 쪽이 단단하고 비늘이 잘 붙어 있어야 하며, 아가미가 선홍색을 띠며 비린내가 심하지 않은 것이 좋다. 생선은 본래 약간의 점액질을 가지고 있는데 그 점액질이 투명하며 생선이 가지고 있는 본연의 색을 잘 유지하고 있는 것을 선택하여야 한다.

② 패류

냉장·냉동 기술의 발달로 사시사철 냉동상태의 패류를 쉽게 구할 수 있지만 되도록 생물을 사용하는 것이 좋다.

신선한 조개는 서로 두드려보았을 때 맑은 차돌소리가 나는 것이 좋고 껍질을 제거하고 살을 눌렀을 때 수축이 빨리 되는 것이 좋다. 또한 살이 두툼하고 선명하며 탄력이 좋아야 한다. 조개류는 여러 개 중 한 개만 상해도 심한 악취가 나므로 하나하나 냄새를 맡아가며 고르고 모래나 뻘을 머금은 경우가 많으므로 항상 3% 정도의 소금물에 해감시켜 사용하도록 한다.

(2) 각종 생선별 명칭

① 도미 (鯛, たい)

농어목 도미과로 몸은 일반적으로 담홍색이며 육질은 백색으로 맛은 담백하다. 지느러미가 길게 뻗어 있어 아름다우며 일본인이 가장 좋아하는 생선이기도 하다.

▲ 도미

② 광어 (平目, ひらめ)

가자미목 넙치과로 깊은 바다에서 살며 눈은 좌측에 있다. 살은 흰색이며 생선회와 구이에 주로 이용한다.

▲ 광어

③ 은어 (鮎, あゆ)

바다빙어목 바다빙어과의 민물고기이다. 맑은 물을 좋아하며, 어릴 때 바다로 나갔다가 다시 하천으로 돌아오는 회귀성 어류이다. 주로 회나 소금구이 등으로 많이 먹는다.

▲ 은어

④ 대구 (鱈, たら)

대구목 대구과의 바닷고기로 머리가 크고 입이 커서 대구(大口)라고 부른다. 비린 맛이 없고 담백하며 살이 부드럽다. 주로 냄비요리에 사용된다.

⑤ 고등어 (鯖, さば)

농어목 고등어과의 바닷고기이며 몸은 길고 방추형으로 약간 측편되어 있다.

길이는 20~50cm까지 자라며 육질의 색은 붉은색으로 살의 조직력과 맛이 좋으며 구이나 조림으로 많이 사용하며 신선한 경우에는 회로 먹기도 하고 식초에 절여 먹기도 한다. (締鯖, 시메사바)

▲ 고등어

⑥ 연어(鰱, さけ)

연어목 연어과의 대표적인 회귀성 어류이다. 산란기가 다가오면 자신이 태어난 강으로 거슬러 올라간다. 살은 담홍색을 띠며 매우 부드럽다. 주로 생선회나 구이로 사용된다.

▲ 연어

⑦ 학꽁치(針魚, さより)

동갈치목 학꽁치과의 바닷고기로 입이 길게 튀어나와 있는 것이 특징이다.

작고 통통한 것이 맛이 좋으며 주로 구이나 회로 사용된다. 살짝 말려 구워 먹어도 일품이다.

▲ 학꽁치

⑧ 방어(鰤, ぶり)

농어목 전갱이과의 어종으로 등 쪽은 어두운 청색, 배 쪽은 은백색을 띠고 있으며 몸 중앙에 길게 황색 띠가 있다. 온대성 어류로 1m 이상까지도 자라며 기름지고 부드러워 생선회나 조림, 간장 구이 등에 많이 사용된다.

▲ 방어

⑨ 삼치(鰆, さわら)

농어목 고등어과에 속하는 바닷고기로 고등어, 꽁치 등과 함께 대표적인 등 푸른 생선이다. 또한 고등어에 비해 수분이 많고 살이 부드러우며 주로 구이로 많이 사용된다.

▲ 삼치

⑩ 병어(鯧, まなかつお)

농어목 병어과로 몸이 납작하며 빛깔이 청색과 반짝이는 은색을 띤다.

맛이 담백하여 신선한 것은 생선회로 먹기도 하고 주로 구이로 많이 사용된다. 된장에

▲ 병어

재워 두었다 구우면 향과 맛이 매우 좋다.

⑪ 쥐치(皮剝, がわはぎ)

복어목 쥐치과의 바닷고기로 몸 색은 회갈
색이고 흑갈색의 작은 얼룩을 가진다. 피부는
딱딱하나 뼈는 연하여 통째로 썰어 회로 먹으
며 넓게 펴서 말린 것이 우리가 흔히 먹는 쥐
포이다.

▲ 쥐치

⑫ 문어(鮹, たこ)

다리가 8개 달린 연체동물로 바다 밑에 서
식하며 연체동물과 갑각류 등을 먹고 산다.
또한 타우린이 풍부하여 다양한 요리에 사용
되며 살짝 데쳐 먹거나 볶음 등의 요리에 사
용된다.

▲ 문어

⑬ 민물장어(鰻, うなぎ)

뱀장어목 뱀장어과에 속하는 민물고기로 장어류 중 유일한 회귀성 어류이다.
영양가가 높아 스태미나에 좋으며 주로 양념구이나 덮밥, 튀김 등의 형태로
많이 먹는다.

⑭ 농어(鱸, すずき)

농어목 농어과의 바닷고기로 자라면서 이름이 바뀌는 출세어이다. 어떤 한쪽
으로 편향된 성질이 없어 생선회에서부터 조림, 구이, 냄비요리 등에 다양하게
사용되는 여름철 대표 생선이다.

⑮ 성게알(雲丹, うに)

5~6월이 산란기이며, 봄부터 여름까지가
제철이다. 암·수 판별이 어려우며 효소를 많
이 함유하고 있어 알코올 해독에 좋다. 날로
먹는 것이 대부분이며 초밥용 재료로 많이 사
용되고 있다.

▲ 성게알

⑯ 보리새우(車海老, くるまえび)

십각목 보리새우과의 갑각류이다. 물속에서 헤엄칠 때 다리의 모습이 수레바퀴 같다고 하여 붙여진 이름이다. 칼슘이 풍부해 골다공증에 좋고 날로 먹기도 하지만 최고의 튀김요리 재료 중 하나로 꼽힌다.

▲ 보리새우

⑰ 가다랑어(鰹, かつお)

농어목 고등어과의 바닷고기로 주로 태평양, 인도양, 대서양의 따뜻한 바다에 서식한다. 단백질이 풍부하고 열량이 낮으며 주로 타다키의 형태로 요리하여 먹는다. 또한 일본요리에서 국물을 낼 때 가장 중요한 가쓰오부시가 가다랑어를 쪄서 말린 것이다.

▲ 가다랑어

⑱ 정어리(鰯, いわし)

오메가3, 비타민, 무기질 등이 풍부하며 뼈와 살이 연하기 때문에 구이나 조림으로 많이 사용한다. 또한 혈전이 생기는 것을 막아 혈액 순환에 도움을 주는 EPA가 등 푸른 생선 중 최고 수준으로 각종 성인병 예방에 좋다.

▲ 정어리

⑲ 옥돔(甘鯛, あまだい)

농어목 옥돔과의 바닷고기이며 고급 어종으로 제주도 특산품이기도 하다. 머리가 원추형으로 딱딱한 것이 특징이며 구이나 찜, 튀김에 주로 사용되며 우리나라에서는 미역국에 사용되기도 한다.

▲ 옥돔

⑳ 아귀(鮟鱇, あんこう)

아귀과에 속하는 경골어로 머리와 입이 크다. 뼈를 제외한 모든 부분이 식용 가능하며 주로 냄비요리에 사용된다. 특히 아귀의 간은 일본의 전통 별미로 바다의 푸아그라라고 불릴 정도로 그 맛이 탁월하다.

▲ 아귀

㉑ 단새우(甘海老, あまえび)

정식명칭은 북국적새우(北國赤海老)이다. 붉은색이고 단맛이 난다. 회로 먹기도 하지만 초밥용 재료로 가장 널리 사용된다.

▲ 단새우

㉒ 전갱이(鰺, あじ)

겨울을 제외한 모든 계절이 적기로 여름에 특히 맛이 좋으며 어획량은 봄, 가을이 가장 많다. 신선한 것은 회로 즐기기도 하고 이 밖에도 초회, 구이, 조림, 튀김 등에 다양하게 사용된다.

▲ 전갱이

㉓ 해삼(海參, なまこ)

극피동물문 해삼강에 속하며 그 종류는 무려 500여 종이나 된다. 단백질이 풍부하고 칼슘, 철 등 무기질이 풍부하여 소화가 잘 되고 비만 예방에 효과적이며 이 밖에도 효능이 인삼과 같다고 하여 바다의 인삼인 해삼이라

▲ 해삼

는 명칭이 붙었다. 주로 회로 먹으며 해삼의 내장을 소금에 절인 것을 고노와타 (海鼠腸)라 한다.

㉔ 오징어(烏賊, いか)

오징어과에 속하는 연체동물로 몸통이 유백색으로 윤기가 나고 탄력이 있는 것이 좋다. 콜레스테롤 함량이 높지만 그것을 저하시켜 주는 타우린 함량 또한 높다.

오징어의 먹물은 항균, 항암 작용을 하는 것으로도 알려져 있다.

12월에서 1월 사이가 가장 맛있으며 회, 구이, 찜, 무침, 국물요리 등 모든 요리에 다양하게 사용된다.

▲ 오징어

㉕ 갈치(太刀魚, たちうお)

농어목 갈치과의 바닷고기로 생김새가 기다란 칼 모양을 하고 있어서 이런 이름이 붙여졌다. 체장은 1m 이상이며 초여름이 적기이다. 필수아미노산이 고루 함유된 단백질 공급식품으로 회, 구이, 조림 등에 사용된다.

▲ 갈치

㉖ 전복(鮑, あわび)

전복과에 속하며 비타민과 미네랄이 풍부하다. 까막전복과 말전복 등이 있는데 껍질에 4~5개의 구멍이 있는 것이 특징이다. 내장의 색이 녹색인 것이 암컷이고 노란색이 수컷이다. 회로 먹는 경우가 많고 구이나 조림, 찜 등 고급재료인 만큼 조리법도 다양하다.

▲ 전복

㉗ 가리비(帆立貝, ほたてがい)

사새목 가리비과에 속하는 패류로서 추운 바다의 연안에 서식하며 담백하고 독특한 풍미가 있다. 필수 아미노산이 풍부하고 회로 먹거나 구이요리로 많이 사용하며 초회나 국물요리에도 잘 어울린다.

▲ 가리비

㉘ 왕우럭조개(水松貝, みるがい)

백합과의 연체동물로 우리나라 서남해에서 주로 볼 수 있다. 감칠맛이 있어서 회로 먹거나 초회, 무침 등에 사용된다.

▲ 왕우럭조개

㉙ 피조개(赤貝, あかがい)

사새목 꼬막조개과에 속하며 헤모글로빈을 가지고 있어 살이 붉게 보인다.

타우린 및 각종 비타민과 미네랄이 많으며 여러 성분이 균형을 이루고 있어 빈혈 등에도 좋다. 주로 초밥용 재료에 많이 쓰이며 회로도 먹는다. 산란기인 여름철에는 비브리오 패혈증 등 독성이 있고 맛이 떨어지므로 주의해야 한다.

▲ 피조개

㉚ 소라(榮螺, さざえ)

우리나라 전 연안에서 볼 수 있으며 특히 남해안에 많다. 대합이나 다른 조개들처럼 봄에 가장 맛이 있으며 소라 살을 잘게 썰어 양념한 다음 껍질에 넣어 굽는 츠보야키(壺燒き)나 초에 절인 음식인 스가이(酢貝) 또는 무침으로 많이 사용한다.

▲ 소라

㉛ 굴(牡蠣, がき)

바다의 우유라 불리는 굴은 칼로리와 지방함량이 적으며 철분이나 타우린이 많아 빈혈예방, 콜레스테롤 개선에 도움이 된다. 둥그스름하고 통통하게 부풀어오른 것이 신선하고 산란기인 5월부터 8월까지는 섭취하지 않는 것이 좋다. 주로 날것으로도 먹고 튀김, 초회, 국물요리 등에 많이 사용된다.

▲ 굴

㉜ 키조개(玉珧, たいらぎ)

사새목 키조개과의 연체동물로 전체적으로 삼각형의 형태를 하고 있는 대형 패류이다. 봄이 제철이며 우리나라의 남해안과 서해안에서 주로 생산된다. 특히 조개관자는 단백질 함량이 높고 칼로리가 낮으며 필수 아미노산과 철분이 많이 함유되어 있어 동맥경화 및 빈혈 예방에 좋다. 구이, 무침, 회, 죽 등으로 많이 요리된다.

㉝ 바지락(浅蜊, あさり)

백합과의 조개로 껍질의 크기는 보통 4cm 내외이며 껍데기에 부챗살 모양이 있으며 표면이 거칠다.

7~8월의 산란기를 제외하고 항상 채취되며 이때는 독성이 있으므로 섭취를 삼가는 게 좋다.

▲ 바지락

주로 국물을 내는 데 사용되며 젓갈이나 구이, 찜 등으로 사용되기도 한다.

㉞ 털게(毛蟹, げかに)

우리나라에서는 동해안과 일본, 알래스카 등에 분포되어 있으며 수심 15~300m 사이의 모래나 자갈바닥에서 서식한다. 한류(寒流)성 어종으로 몸에 털이 촘촘하게 나 있으며 단백질 함량이 높아 주로 회나 찜으로 섭취한다.

▲ 털게

㉟ 멍게(海鞘, ほや)

원래 이름은 우렁쉥이이며 수심 20m 이내의 얕은 바다에 해초나 암석 등에 붙어 서식한다. 노화방지에 좋은 타우린이나 숙취에 좋은 신티올 및 글리코겐, 요오드 등 다양한 영양성분이 많이 함유되어 있어 대표적인 저칼로리 수산물 중 하나로 꼽히며 주로 생으로 섭취한다.

▲ 멍게

(3) 채소 및 각종 식자재

① 표고버섯(椎茸, しいたけ)

송이버섯과의 버섯으로 갓이 너무 피지 않고 색이 선명하며 살이 두껍고 속이 하얀 것이 좋은 버섯이다. 식이섬유가 풍부하고 혈압을 낮추는 작용을 한다.

▲ 표고버섯

② 호박(南瓜, かぼちゃ)

15세기 무렵 캄보디아로부터 유입되어 카보챠(カボチャ)라 부르게 되었다. 호박의 종류는 상당히 많은데 일본에서는 주로 단호박을 많이 사용한다.

▲ 애호박

▲ 단호박

③ 가지(茄子, なす)

원산지는 인도이며 헤이안(平安)시대 초기에 중국으로부터 전래되었다. 가지의 안토시아닌 색소에는 항암효과가 있는 것으로 알려져 있으며 구이, 조림, 튀김, 무침 등 다양한

▲ 가지

요리에 사용된다.

④ 차조기 (紫蘇, しそ)

중국이 원산지로 우리나라 들깨와 비슷하다. 깻잎과 다른 독특한 향이 있어 일본요리에서는 생선회와 잘 어울린다.

▲ 차조기

⑤ 오이(胡瓜, きゅうり)

수분이 많고 이뇨효과가 있어 부기를 빼는데 좋다. 생야채로 많이 사용되며 일본요리에서는 무침요리나 절임 등에 사용한다.

▲ 오이

⑥ 당근(人參, にんじん)

원산지는 영국이며 14세기경 중국에서 일본에 유입되었다. 일본 내 주산지는 북해도이며 포도당 등이 많이 포함되어 있어 단맛이 난다. 조림, 무침 및 각종 요리에 곁들임(妻)으로 많이 사용된다.

▲ 당근

⑦ 파프리카(パプリカ)

피망과 달리 단맛을 가진 것이 특징이다. 비타민이 풍부하여 기미, 주근깨 예방에 좋으며 매운맛이 없고 단맛이 있기 때문에 샐러드에 많이 사용되며 볶음, 조림 등에 사용한다.

⑧ 팽이버섯(榎茸, えのきたけ)

송이버섯과의 일종으로 주로 팽나무, 무화
과나무, 버드나무의 그루터기에서 자라지만
현재는 사계절 인공 재배하고 있다. 주로 전
골이나 찌개 등 각종 냄비요리의 곁들임이나
국물요리의 건더기로 사용한다.

▲ 팽이버섯

⑨ 순채(蓴菜, じゅんさい)

수련과의 다년생 수초로 연못이나 늪에서
자생한다. 미끄러운 점액질로 싸여 있으며 풍
미와 씹는 맛이 좋아 국물의 건더기나 초회
등에 사용된다.

▲ 순채

⑩ 오쿠라(オクラ)

아프리카가 원산지이며 아욱과에 속하는
식물이다. 자르면 끈적한 점액질이 나온다.
자양강장에 효과가 있으며 비타민 C가 풍부
하여 피로회복에 도움이 된다. 샐러드나 초무
침 등에 많이 사용되며 각종 요리에 곁들임으
로 사용하기도 한다.

▲ 오쿠라

⑪ 고추냉이(山葵, わさび)

일본의 특산품이며 맑은 물이 흐르는 곳
에서 자생한다. 고추냉이는 곱게 갈수록 향이
강해지며 칼등으로 다지면 매운맛이 점점 강
해진다. 고추냉이의 매운맛은 약 15분 정도
밖에 지속되지 않으므로 고급 일본요리점에
서는 즉석에서 고은 상어 가죽에 갈아주기도
한다.

▲ 고추냉이

⑫ 토란(里芋, さといも)

원산지는 인도이며 모양과 맛에 따라 여러 종류가 있다.

아린 맛이 강하므로 껍질을 벗겨 쌀뜨물에 담가두거나 소금물에 살짝 데친 후 사용하면 좋다. 조림이나 국에 주로 사용하며 구이로 사용하는 경우도 있다.

▲ 토란

⑬ 백합뿌리(百合根, ゆりね)

주로 늦가을에서 이른 봄에 많이 나며 재배종은 쓴맛이 적고 고구마와 같은 단맛이 난다. 달게 졸여 사용하기도 하고 양갱이나 킨통(金団 : 달게 졸여 체에 내린 후 밤 모양이나 경단처럼 만든 것) 등에 사용한다.

▲ 백합뿌리

⑭ 파드득나물(三葉, みつば)

잎이 세 장이라 셋잎 또는 삼엽채라고 하며 참나물과 비슷하다. 독특한 향미가 있어 국물요리의 곁들임이나 무침요리 등에 사용한다.

▲ 파드득나물

⑮ 산마(山芋, やまいも)

늦가을부터 봄까지가 제철이며 각종 무기질이 풍부한 알칼리성 식품이다.

직접 갈아서 즙으로 마시는 경우도 있고 조림이나 구이로 사용한다.

▲ 산마

⑯ 연근(蓮根, れんこん)

연꽃의 뿌리로 식이섬유가 풍부하다. 일정하게 굵으며 백색에 구멍의 크기가 고른 것이 좋다. 조림, 구이, 튀김 등에 사용하며 조리할 때에는 껍질을 벗긴 후 소금이나 식초를 넣은 물에 잠깐 담가 떫은맛을 제거하여 사용한다.

▲ 연근

⑰ 죽순(筍, たけのこ)

대나무의 어린 순으로 봄이 제철이다. 떫은맛이 강하므로 쌀뜨물에 담가 사용하면 좋다.

▲ 죽순

⑱ 고사리(蕨, わらび)

고사리과에 속하는 다년생 양치식물로 전 세계에 골고루 퍼져 있다. 보통은 줄기를 사용하여 무침이나 전골 등에 사용하는데 뿌리를 사용하기도 한다.

고사리의 뿌리를 갈아 전분으로 사용하며 이를 와라비코(ワラビコ)라 하며 이것을 사용하여 와라비모찌라는 떡을 만든다.

▲ 고사리

⑲ 갯방풍잎(浜防風, はまぼうふう)

보통은 해변의 모래밭에서 자생하며 생선회의 곁들임으로 사용한다.

감기나 두통 등에 효과가 있다.

▲ 갯방풍잎

⑳ 파싹(牙葱, めねぎ)

파의 싹을 말하며 주로 국물요리에 향미료(吸い口)로 사용하며 생선회나 기타 요리에 곁들임으로도 사용한다.

▲ 파싹

㉑ 두릅(たらの木, たらのめ)

땅두릅(うど), 참두릅(たらの木)이 있는데 땅두릅은 독활(獨活)이라는 다년생 풀로 죽순처럼 뿌리를 잘라 먹는 것이고 참두릅은 나무두릅이라고도 하는데 두릅나무에 달리는 새순으로 독특한 향이 나는 산나물을 말한다. 둘 다 데쳐서 사용하며 무침이나 조림, 튀김 등에 다양하게 사용한다.

▲ 두릅

㉒ 영귤(酢橘, すたち)

일본의 도쿠시마(德島)가 원산지이며 초(酢)를 짜는 데 쓰는 귤의 일종이다.

일본에서는 생선회나 구이의 곁들임 등에 사용되며 각종 소스나 음료 등에도 널리 사용된다.

▲ 영귤

㉓ 산초잎(木の牙, きのめ)

후추의 일종인 산초나무의 순으로 그 향이 독특하여 구이요리나 각종 요리에 향신료처럼 사용된다.

▲ 산초잎

㉔ 송이버섯(松栮, まつたけ)

주로 가을에 소나무숲에서 자라는데 버섯 중에 으뜸으로 일본에서는 쿄토(京都) 지역이 유명하지만 한국산을 최고로 여긴다. 특유의 향이 좋으며 버섯 갓의 피막이 터지지 않고 버섯대가 굵고 짧으며 살이 두꺼운 것이 좋다. 소금구이나 덮밥, 튀김 등의 요리로 많이 사용한다.

▲ 송이버섯

㉕ 숭어알(唐墨, からすみ)

숭어알을 소금에 절여 만든 것으로 10월경에 잡히는 숭어가 카라스미(カラスミ)를 만드는 데 적당하다.

▲ 숭어알

㉖ 가다랑어포(鰹節, かつおぶし)

가다랑어를 쪄서 말린 것으로 대패로 밀어서 사용한다. 일본요리에서 국물의 맛을 내는 데 없어서는 안 되는 중요한 재료이다.

㉗ 한천(寒天, かんてん)

우뭇가사리를 끓여서 녹인 후 식혀서 영하 15℃ 이하에서 동결시켰다 다시 5℃ 정도의 저온에서 건조시키는 것을 반복하여 만든 것으로 양갱 같은 굳힘요리에 사용한다.

▲ 한천

㉘ 칡전분(吉野葛, よしのくず)

일본 요시노(吉野) 지방의 칡전분이 유명하여 붙여진 이름이다. 국물요리나 조림, 깨두부 등 다양한 요리에 사용된다.

▲ 칡전분

㉙ 고장초(溪冠菜, とさかのり)

홍조류의 해초로서 주로 생선회의 곁들임이나 초회의 재료로 사용한다.

▲ 고장초

㉚ 양하(茗荷, みょうが)

생강과에 속하는 채소로 우리나라에서는 제주도의 특산품 중 하나다. 우리나라보다 일본에서 더 널리 사용되는 식재료이며 맛도 생강과 비슷하다. 장아찌나 무침, 샐러드 등 다양한 요리에 주요리에 사용되기도 하고 요리의 가니쉬로 사용되기도 한다.

▲ 양하

5 일본요리의 조미료

1) 설탕(砂糖)

설탕은 사탕수수를 분쇄, 농축하여 얻은 원당을 정제하여 얻은 것으로서 설탕이 일본에 전해진 것은 나라시대의 초기라고 알려져 있지만, 일반적으로 대중에게 보급되기 시작한 것은 메이지시대 이후이다. 설탕은 당분의 순도가 높을수록 냄새가 없는 단맛이 나며 정백당인 백설탕이 대표적인 감미료이다. 사탕수수를 설탕으로 전환하는 과정에서 나오는 걸쭉하고 진한 액체의 잔류물을 당밀이라 하는데 이러한 당밀을 분리하지 않고 만들어 불순물을 비교적 많이 함유하고 있는 것이 흑설탕이며 백설탕이 생산된 후 다시 여러 번의 정제과정을 거치며 열이 가해져 만들어진 것이 황설탕이다. 하지만 요즘은 제조원가를 줄이기 위해 정제된 백설탕에 당밀을 첨가하여 만들기도 한다. 마지막으로 사탕수수나 사탕무를 숯 등을 이용하여 정제하고 건조시켜 불순물과 색소 등을 제거하여 만들어진 것이 백설탕이다. 이러한 설탕은 조리 용도에 따라 선택하여 사용하는데 주로 백설탕을 이용한다.

2) 소금(塩)

인간이 생명을 유지하는 데 없어서는 안 될 중요한 무기질 중의 하나가 바로 소금이다. 소금은 염화나트륨을 주성분으로 하는데 그 시작은 기원전 약 6000년경으로 인류가 이용해 온 조미료 중에서 역사가 가장 오래된 식재료이다. 음식의 기본적인 맛을 내는 식재료 중 단맛과 신맛은 감미료나 산미료 등으로 대체가 가능하지만 소금은 다른 재료로 대체가 거의 불가능하기 때문에 더욱 중요한 식재료라 할 수 있다. 소금의 사용법에 따라 우리가 음식을 섭취할 때 흔히 '맛이 있다 없다'를 결정한다고 말할 수 있을 정도로 소금을 어떻게 사용하느냐에 따라 요리의 완성도가 달라진다고 말할 수 있다. 이러한 소금은 맛을 조절하는 기능 이외에도 미생물의 발생을 억제하거나 식재료의 부패를 방지하고 또한, 단백질의 응고 및 글루텐의 점성이나 탄성 등을 좋게 하는 역할도 하고 있는 만큼 매우 중요한 식재료임에 틀림이 없다.

소금은 요리에 짠맛을 더해주는 조미료로서의 역할이 주가 되지만 그 외에도 단맛을 더욱 증가시키는 역할이나 신맛을 줄여주는 역할도 하고 있다.

소금은 전 세계적으로 연간 약 750만 톤 정도가 사용되고 있으며 그중 약 2/3 이상이 암염이라고 한다. 또한, 가공방법에 따라 식염, 정제염, 식탁염, 지물염 등으로 다양하게 분류되며 그중 현재 우리가 시중에서 가장 많이 볼 수 있고 사용되는 소금은 다음과 같다.

(1) 천일염

80여 종의 천연 미네랄이 함유되어 있는 것으로 갯벌의 흙바닥을 다져서 바닥판으로 사용하는 토판염과 바닥에 장판을 깔고 생산하는 장판염으로 나누어진다.

▲ 천일염

(2) 암염

예전에 바다였던 곳이 지진 같은 지각변동이 일어나 육지나 산으로 된 후 오랜 시간을 거쳐 소금 결정이 바위처럼 굳어진 것이 암염이다. 이러한 암염은 전 세계에 분포되어 있는데 지역이나 국가별로 차이는 있지만 오랜 세월을 거친 만큼 미네랄 성분은 거의 존재하지 않는다.

▲ 암염

(3) 재제염

우리가 흔히 꽃소금이라 부르는 것으로 천일염을 씻은 다음 다시 끓여서 만든다. 가격이 저렴한 수입산 소금으로 만드는 것이 대부분이다.

(4) 정제염

바닷물을 이온수지막에 통과시켜 납, 아연 같은 불순물을 제거하면 순도 높은 염화나트륨의 결정체가 만들어지는데 이것이 정제염이다. 우리가 시중에서 구입할 수 있는 한주

▲ 정제염

소금이 바로 그것이며 이 정제염에 MSG라고 말하는 글루탐산을 섞은 것이 맛소금이다.

(5) 죽염

천일염을 대나무통에 넣고 황토로 입구를 밀봉한 다음 가마에 넣고 소나무 장작으로 9번을 구워 곱게 갈아 놓은 것이 죽염이다.

3) 식초(酢)

식초는 초산, 아미노산, 구연산 등 약 60종 이상의 유기산을 포함하고 있으며 3~5% 초산을 주성분으로 하여 산뜻한 산미로 식욕을 돋우며 단백질의 응고와 식품의 방부제 작용 및 갈변방지 등의 역할을 한다.

식초는 크게 과실류, 곡류, 주정 등을 주원료로 하는 양조식초와 빙초산을 물로 희석하여 각종 식품첨가물을 넣어 만든 합성식초로 구분된다. 양조식초는 쌀을 원료로 초산발효시킨 쌀식초와 주정을 발효시킨 주박식초, 맥아즙을 원료로 한 맥아식초 등이 있는데 향이 좋고 맛이 순해 뒷맛이 산뜻하며, 빙초산을 주원료로 하는 합성식초는 코가 찡할 정도의 강한 냄새를 가지고 있으며 강한 산으로 인해 입안에 떫은맛이 남는다. 요리에 사용할 때는 이러한 식초의 특성을 고려하여 적절하게 사용하여야 한다.

4) 간장(醬油)

대두 또는 탈지대두나 소맥을 원료로 하여 누룩을 만들어 식염을 가하여 발효, 숙성시킨 것이다. 숙성과정에서 소금에 산미, 단맛, 감칠맛 등이 어우러져 독특한 향과 색, 맛이 생겨난다. 간장은 일본요리에서 없어서는 안 될 정도로 매우 중요한 역할을 하며 염분이 많아 삼투압작용을 하며 어류나 육류의 비린내나 잡냄새를 제거하고 부패 방지효과가 있다.

(1) 진간장(濃口醬油)

관동지방을 대표하는 간장으로 일반적으로 밝은 적갈색을 띠며 특유의 향을 가지고 있다. 향이 좋아 그대로 찍어 먹거나 음식에 뿌려 먹기도 한다. 또한, 육류나 생선류에 곁들이기도 하며 색이 진해 끓이거나 조리는 요리에 주로 사용된다.

(2) 연간장(薄口醬油)

관서지방을 중심으로 널리 사용되는 간장으로 진간장에 비해 색이 엷고 염도가 높으며 독특한 특유의 향이 없기 때문에 식재료가 가지고 있는 색이나 맛, 향기 등을 잘 살릴 수 있으며 특히, 맛과 향이 담백하고 감칠맛을 주기 때문에 채소나 생선요리에 사용하면 재료의 맛과 색을 보존하면서 은은한 향을 더해준다.

(3) 백간장(白醬油)

보통의 간장은 대두로 만들어지는 것에 반해 백간장은 소맥을 주원료로 하여 삶은 대두와 함께 누룩을 만들어서 소금물을 더해 만들어지는 간장이다. 투명하고 황금색에 가까운 색을 띠며 연간장보다 색이 연하고 간장 특유의 맛은 별로 없지만 독특한 균의 향이 좋으며 식재료의 색을 살리는 데 훌륭한 역할을 하며 맑은국이나 조림요리에 주로 사용된다.

(4) 다마리쇼유(たまり醬油)

다른 간장과는 달리 소맥은 거의 사용하지 않고 대두나 탈지대두에 식염수를 부어 만든다. 짙은 흑색으로 부드럽고 농후한 맛과 약간의 단맛을 가지고 있다. 주로 생선회를 찍어먹는 간장이나 소스를 만들 때 또는 조림요리의 색을 내는 데 사용된다.

5) 된장(味噌)

일본의 대표적인 조미료 중 하나로 대두에 누룩과 소금을 섞어 발효시켜 만든다. 일본의 된장은 누룩의 종류, 맛, 색에 따라 그 종류가 수백 가지가 될 정도로 매우 다양한데 이는 각 지역마다 사용되는 원료나 기후, 풍토, 식습관에 맞게 다양하게 만들어졌기 때문이다. 그 종류를 보면 누룩의 종류에 따라 대두에 쌀누룩을 넣은 코메미소, 보리누룩을 넣은 무기미소, 콩누룩을 넣은 마메미소, 여러 종류의 누룩을 섞어 만든 쵸고우미소가 있으며 색상에 따른 종류에는 크게 적된장이라고 하는 아카미소(赤味噌)와 백된장이라고 하는 시로미소(白味噌)가 있다. 아카미소는 뒤집기과정과 숙성기간이 길어 염도가 높고 색이 진하며, 마메미소나 센다이미소, 츠가루 미소 등이 이에 속한다. 시로미소는 상대적으로 뒤집기과정이 적고 숙성기간이 짧아 염도가 낮고 색도 연하다. 사이교미소나 사누키미소, 후츄미소 등이 이에 속한다.

1) 진미(珍味)

요리의 시작을 알리는 요리로 작은 그릇에 소량의 음식을 담아낸다고 하여 고바찌(小鉢) 또는 먼저 내는 음식이라고 하여 사키즈께(先付)라고도 한다. 주로 회석요리에 포함되며 一品 또는 二, 三品으로 제공한다. 다음에 제공될 요리에 영향을 주어서는 안 되므로 맛이나 향이 강한 것은 피하는 것이 좋으며 보통은 채소나 가벼운 나물 등의 무침요리가 주로 사용된다. 일반적으로 술안주 개념의 요리이기 때문에 술과 함께 손님에게 제공되는 요리이다.

▲ 새우 타츠나마키(えび たつなまき)

▲ 시금치 오히타시(ほうれんそう おひたし)

▲ 아게나스(あげなす)

▲ 참치 야마카케(まくろ やまかけ)

▲ 달걀 두부(たまご どうふ)

2) 전채(前菜)

일본요리에는 전채라는 것은 없었으며 원래 술안주로 제공되던 오토시(お通し)라는 것이 중국이나 서양요리의 영향을 받아 변형되어 전해진 것이다.

식전에 술안주로 제공되는 것으로 산, 들, 바다, 하늘에서 나오는 식재료를 사용하여 계절감을 최대한 살리고 색과 향, 맛을 중요시하며 아름답고 입맛을 돋울 수 있는 요리가 제공된다. 보통은 三品 또는 五, 七品 등 홀수로 제공되며 일반적으로 三品이나 五品을 많이 내고 있으며, 각각의 사용되는 재료와 조리법, 맛이 다 달라야 한다.

▲ 3종 전채(3種 ぜんさい)

3) 국물요리(汁物)

일본에서 사용되는 요리 중 국물이 많은 요리를 총칭하는 말로 단품요리로서의 역할도 하지만 다른 요리들의 맛을 한층 더 끌어올려주는 역할도 하고 있다. 국물요리는 크게 나누어 맑게 끓여내는 스마시지루(淸物)와 탁하게 끓여내는 니고리시루(濁り汁)로 구분할 수 있으며 대표적인 맑은 국물요리에는 우스구치(薄口)나 소금으로 간을 하여 끓여내는 스이모노(吸物), 소금으로만 간을 하여 식재료 자체의 맛을 활용하는 우시오시루(潮汁) 등이 있다. 탁한 국물에는 일본식 된장국인 미소시루(味噌汁)가 대표적이다. 맑은국(吸物)을 구성할 때는 기본적으로 4가지 요소가 중요하다고 할 수 있는데 첫 번째는 가장 중요한 요소인 국물 즉, 다시(出し)와 주재료를 뜻하는 완다네(椀種), 부재료를 뜻하는 완츠마(椀妻), 마지막으로 향미료를 뜻하는 스이구치(吸い口)가 사용되어야 한다. 앞서 말한 바와 같이 국물요리는 요리의 격을 한층 끌어 올려주는 역할을 하며 전체적으로 다른 요리의 맛을 더욱 제대로 느낄 수 있도록 하는 등 전체적인 메뉴 구성에서 반드시 필요한 요리이다. 또한, 그릇의 뚜껑을 열었을 때 퍼지는 향기와 계절감, 아름다움 그리고 위의 4가지 요소가 어우러져 풍기는 풍미 등으로 요리사의 실력과 기술을 알 수 있다고 한다.

(1) 국물요리의 기본 요소

- 국물(다시, 出し) – 곤부다시나 가쓰오다시에 간장 또는 소금으로 간을 한다.
- 주재료(완다네, 椀種) – 요리에 주가 되는 재료로 어패류, 가금류, 육류, 계란, 야채 등을 계절에 따라 폭넓게 사용한다.
- 부재료(완츠마, 椀妻) – 주재료와의 맛이나 색, 계절감 등을 고려하여 선택하며 야채, 버섯, 해초 등이 사용된다.
- 향미료(스이구치, 吸い口) – 그릇의 뚜껑을 열었을 때 퍼지는 향과 입안에서의 향긋함을 느끼게 해주며 산초, 유자껍질, 레몬, 영귤, 생강, 미쯔바, 양하, 산초잎 등이 사용된다.

▲ 모시조개 맑은국(はまぐり すまし)

▲ 3색 스리미 신죠 맑은국(3色 すりみ しんじょ すまい)

▲ 미소시루(みそしる)

4) 생선회(刺身)

어패류를 생식하는 일본을 대표하는 요리로 관서지방에서는 주로 '만들다'라는 뜻의 츠쿠리(作り, 造り)로 부르며 관동지방에서는 사시미(刺身)라 부른다. 사시미란 신선한 어패류 등을 다양한 방법으로 썰어 생선 고유의 맛을 그대로 살려서 요리한 것을 말하는데 요리한 생선의 몸통(身)에 그 지느러미를 꽂았다(刺)고 하여 붙여졌으며 이러한 사시미는 어패류뿐만 아니라 소고기나 말고기, 닭고기, 곤약 등의 생식을 하는 요리에도 쓰인다. 일반적으로 생선회는 별도의 가열처리 없이 날것 그대로를 요리하기 때문에 칼, 도마, 행주 등 사용되는 모든 도구와 조리과정에 있어서 보다 세심한 주의와 위생관리가 필요하며 또한 생선의 선도를 중요시해야 하며 가급적 제철의 재료를 사용하여 시각적으로 아름답고 먹기 편하도록 조리하는 것이 중요하다.

(1) 각 계절의 대표 생선

생선이 가장 맛이 좋을 시기는 산란하기 1~2개월 전이다. 이는 산란을 위하여 많은 먹이활동을 하기 때문으로 살에 탄력이 있고 지방이 많이 올라 보다 고

소하고 깊은 맛을 주기 때문이다.

① 봄(春: 3~5월)

도미, 놀래미, 붕장어, 키조개, 주꾸미, 보리숭어, 청어, 빙어, 날치, 해삼, 성게, 전복, 피조개 등

② 여름(夏: 6~8월)

농어, 갯장어, 민어, 조기, 돌돔, 가다랑어, 장어, 은어, 참다랑어 등

③ 가을(秋: 9~11월)

전어, 고등어, 오징어, 새우, 옥돔, 낙지, 갈치, 삼치, 정어리, 바지락, 대합, 대하 등

④겨울(冬: 12~2월)

감성돔, 단새우, 복어, 대구, 방어, 연어, 뱅어, 광어, 아귀, 학꽁치, 굴, 삼치, 문어, 관자, 꼬막 등

(2) 생선회 켜는 방법

① 평썰기(平作り, ひらつくり)

생선회를 써는 가장 대표적인 방법으로 생선을 도마 앞쪽에 놓고 왼손으로 가볍게 잡은 다음 칼을 세워 힘 있게 잡아당겨 써는 방법으로 잘린 부분을 칼의 오른쪽으로 가지런히 정리하여 배열하며 도미나 참치, 방어같이 살이 두툼한 생선을 자를 때 사용한다. 잘린 부분은 광택이 나며 잘린 면의 날이 흐트러지지 않도록 주의한다.

▲ 평썰기

② 잡아당겨 썰기(引き作り, ひきつくり)

칼을 비스듬히 눕혀 왼손으로 손질한 생선을 가볍게 누르고 칼날의 전체를 사용하여 잡아당겨 써는 방식으로 보통은 생선의 뱃살과

▲ 잡아당겨 썰기

같이 비교적 얇은 부위를 써는 데 적합한 방식이다.

③ 얇게 썰기(薄作り, うすつくり)

최대한 얇게 접시의 그림이 비추도록 써는
방식이다. 복어같이 살이 단단한 생선에 주로
사용하는 방식이며 광어나 도미 같은 흰 살생
선에도 주로 사용된다.

▲ 얇게 썰기

④ 각썰기(角作り, かくつくり)

참치나 방어와 같이 살이 부드러운 생선을 깍둑썰기하듯 각지게 썰어내는
방법이다.

⑤ 가늘게 썰기(系作り, いとつくり)

흰 살생선이나 오징어 등을 칼끝을 이용하여 실처럼 가늘게 써는 방법으로 무
침요리나 작은 그릇에 소복하게 담을 때 사용하는 방법이다.

⑥ 잔물결모양 썰기(小波作り, さざなみくり)

칼을 상하좌우로 흔들어 자르는 방법으로 재료에 파도처럼 물결모양이 일어
나도록 자르는 방법이다. 전복이나 문어와 같이 살이 단단하고 미끄러운 재료에
적합하며 모양도 좋지만 젓가락을 이용해서 간장에 찍거나 와사비 등을 바르기
에 편리하다.

⑦ 살짝 데쳐 썰기(湯引き作り, ゆびきつくり)

참치 붉은 살이나 장어 종류와 같이 살이 비교적 부드러운 생선에 주로 사용
하며 끓는 물에 살짝 데친 후 얼음물에 넣어 빠르게 식혀 물기를 제거하고 썰어
내는 방법으로 속살과 색이 대비되어 보다 선명한 색감을 준다. 또한, 살이 단단
해져 보통의 생선회와는 다른 느낌을 줄 수 있다.

⑧ 뼈째 썰기(背越し, せこし)

병어, 전어, 가자미, 은어 등 작은 생선의 머리와 내장, 지느러미, 꼬리를 제
거하고 뼈를 잘라 뼈째 썰어내는 방법으로 살과 뼈를 함께 먹기 때문에 보다 고
소한 맛을 느낄 수 있다.

⑨ 회오리모양 썰기(鳴門作り, なるとつくり)

오징어 표면에 길게 칼집을 내고 속에 김이나 오이, 시소 등을 넣어 둥그렇게 말아 자르는 방법으로 잘린 단면이 회오리처럼 소용돌이 모양이 나온다고 하여 붙여진 명칭이다.

⑩ 가운데 칼집 넣어 썰기(八重作り, やえつくり)

고등어나 전갱이 또는 살이 두툼한 생선에 사용하는 방법으로 첫 번째는 완전히 자르지 않고 칼집만 낸 다음 두 번째에 완전히 잘라내는 방법이다. 히라츠쿠리와 같은 방법으로 썰어낸 생선은 오른쪽으로 가지런히 옮기면서 붙여낸다.

(3) 츠쿠리에서 사용하는 조리방법

① 씻기(洗い)

여름철에 주로 사용하는 방법으로 생선을 얇게 포를 떠서 얼음물에 담가 젓가락으로 저어가며 씻은 다음 물기를 제거하여 사용하는 방법으로 농어, 도미, 잉어 등에 적합하다. 이렇게 아라이한 생선은 지방이 빠져 나가면서 육질이 수축되어 보다 탄력 있고 담백한 맛을 즐길 수 있다.

▲ 농어 아라이(鱸 洗い)

② 솔방울 모양 썰기(松皮造リ)

도미처럼 껍질에 감칠맛이 있는 생선의 경우 그 자체로 섭취하기에는 껍질이 질기기 때문에 도미의 껍질 위에 뜨거운 물을 붓고 신속하게 얼음물에 식혀 식감을 부드럽게 하여 사용하는 방법이다. 도미의 껍질을 끓는 물에 데쳐낸 모양이 소나무의 껍질과 닮았다 하여 마쓰가와(松皮)라고 한다.

③ 살짝 구운 회(焼き霜降リ)

가다랑어, 도미, 삼치 등 생선의 껍질이 질기고 비린내가 강한 생선에 주로 사용하는 방법으로 손질된 생선의 껍질을 제거하지 않고 쇠꼬챙이를 부채꼴로 끼워 숯이나 볏짚을 이용하여 강한 불로 겉 표면만 살짝 구워 얼음물에 식혀 사용한다.

▲ 고등어 야키시모 츠쿠리(さば やきしも つくリ)

④ 다시마 절임(昆布じめ)

다시마의 감칠맛이 생선에 스며들어 보다 깊은 맛을 내는 데 사용하는 방법으로 도미나 광어 등과 같이 담백한 맛이 있는 흰 살생선이나 연어를 얇게 포를 떠서 깨끗이 닦은 다시마 위에 가지런히 올린 다음 다시마를 덮어서 재료에 따라 5~6시간 이상 눌러 숙성시켜 사용한다.

⑤ 초절임(酢じめ)

고등어나 전어 등과 같이 비린내가 강한 등 푸른 생선에 적합한 방법으로 생선을 3장뜨기 하여 뼈를 제거하고 소금을 뿌려 약 2시간 정도 절인 후 흐르는 물에 깨끗이 씻어내고 식초에 15~20분 정도 절였다가 사용하는 방법이다.

▲ 고등어 초절임(しめさば)

(4) 생선회의 곁들임

① 겡(褄)

무, 오이, 당근 등을 얇게 돌려깎기(桂剝き)하여 가늘게 채썬 다음 찬물에 여러 번 잘 씻어 특유의 냄새를 제거한 뒤 사용한다. 주로 생선회의 밑에 까는 데 사용하며 특히, 무는 생선회의 맛과 소화를 촉진시켜 주기도 하고 살균작용을 하기도 한다.

▲ 겡

② 츠마(妻)

츠마는 생선회를 담을 때 반드시 곁들이는 것으로 시각적으로 보기 좋게 하는 기능도 있지만 보통은 시소, 생미역, 식용 꽃, 미츠바, 고사리, 오크라 등과 같이 생선회와 함께 곁들여 먹을 수 있는 것을 사용한다.

(5) 생선회를 담는 방법

그릇에 담는 것을 모리쯔케(盛り寸)라 하는데 생선회를 담을 때는 기본적으로 먹기에 편하고, 보기도 좋아야 하지만 전체적으로 공간의 미와 계절감 및 생선과 곁들임이 서로 잘 어울리게 담아야 한다. 일반적으로는 고급 어종을 눈에 띄게 놓거나 색상의 조화에 신경 쓰며 높낮이를 적절하게 주어 볼륨감이 있도록 담아 내는 것이 중요하다.

담는 방법은 다양하지만 일본요리에서는 기본적으로 3점, 5점, 7점, 9점 등의 홀수로 담는 것이 기본이며, 공간의 미를 살리고 여름에는 차가운 느낌의 그릇을, 겨울에는 따뜻한 질감의 칠기 또는 토기 등의 기물을 선택하여 계절감을 살리는 것이 좋다. 또한, 집어먹는 사람이 편하도록 적당한 두께감과 크기로 썰어 내며 맛의 중복을 피하여 가능한 다양한 맛을 염두하며 담아야 한다. 담는 방법의 종류에는 생선의 형태를 유지하며 한 마리를 그대로 장식하여 담는 스가타모리(姿盛り), 특별한 형태 없이 담아내는 란모리(亂盛り), 자연의 산수를 형상화한 산스이모리(山水盛り) 등이 있다.

▲ 모둠 생선회(さしみ もりあわせ)

▲ 코스 사시미(コース さしみ)

5) 조림(煮物)

(1) 조림요리의 개요

조림요리를 통틀어 니모노(煮物)라 하는데 일반적으로 국물이 졸아들도록 조려내는 니스케(煮つけ), 생선을 토막내어 조리는 아라다키(粗炊き), 소금으로 간을 하여 하얗게 조려내는 시로니(白煮), 수분이 적은 재료에 간을 진하게 하여 국물이 조금 남도록 바짝 조려내는 니시메(煮締), 국물을 바짝 조려 윤기 나게 하는 데리니(照煮), 된장을 사용하여 조려내는 미소니(味噌煮), 설탕이나 물엿 등을 사용하여 단맛이 강하게 나도록 조려내는 간로니(甘露煮) 등 그 종류가 다양하다. 조림요리는 다양한 종류만큼 조리방법도 그 범위가 상당히 넓지만 기본적으로 불의 강·약 조절에 신경을 기울여야 한다. 일반적으로는 강한 불에서 끓이다 점차 약한 불로 서서히 조려내는 것이 기본이며 그 재료와 조리법에 따라 달리해야 하는 경우도 있다. 또한, 조리는 과정에서 맛의 변화가 많이 일어나기 때문에 조미료의 사용순서를 잘 지켜야 하며 맛이 옅은 조림국물로 조려내야 하며 요리를 장기보존해야 할 경우에는 비교적 진한 국물로 보다 오래 조려야 한다. 조림요리에서 일반적인 조미료의 사용 순서는 일본어 히라가나의 사(さ)행과 같은 사(さ)-시(し)-스(す)-세(せ)-소(そ)의 형태로 진행하는데 사는 설탕을 뜻하는 사토우(砂糖), 시는 소금을 뜻하는 시오(塩), 스는 식초를 뜻하는 스(酢), 세는 간장을 뜻하는 쇼유(醬油), 마지막 소는 된장을 뜻하는 미소(味噌)이다.

(2) 조림용 냄비와 덮개

① 조림용 냄비(鍋 なべ)

조림용 냄비(鍋 なべ)는 용도에 따라 동냄비, 알루미늄 냄비, 토기냄비, 철냄비 등 다양한데 일반적으로는 밑부분이 비교적 일정하게 평평하고 두꺼운 것이 좋다. 이는 조리는 시간과 온도를 일정하게 유지시키는 데 용이하기 때문이다. 또한 요리의 종류에 따라 두께와 깊이 등을 고려하여야 하며 이때 얇은 것은 재료가 쉽게 들러붙어 탈 수도 있기 때문에 보다 세심한 주의를 기울여야 한다.

② 조림용 덮개(落し蓋 おとしぶた)

일본요리에서 조림을 할 때 냄비의 뚜껑 대신 냄비의 지름보다 조금 작은 조림용 덮개를 사용하는데 이것을 오토시부타(落し蓋)라고 한다. 이렇게 조림용 덮개를 사용하면 재료가 끓어 넘치는 것을 방지하고 식재료에 간이 골고루 스며들 수 있게 해주며 표면이 마르는 것도 방지해 줄 수 있다. 이러한 조림용 덮개는 다양한 크기의 나무로 되어 있으며 표면에 여러 개의 구멍이 뚫려 있는데 요즘은 크기를 조절할 수 있는 스테인리스 재질을 많이 사용한다. 또한, 사용하는 식재료의 특성에 따라 종이로 된 덮개를 사용하기도 하는데 이것을 가미부타(紙蓋)라고 한다.

(3) 조미료의 역할

조림요리를 할 때 사용되는 조미료는 앞에서 언급한 바와 같이 설탕, 소금, 간장, 식초, 된장이 주가 되지만 식재료에 따라 청주나 맛술이 첨가되기도 한다.

① 설탕(砂糖 さとう)

기본적으로 단맛과 윤기를 내는 역할을 하며 처음에 사용하는 이유는 단맛이 한번 스며들면 고치기 힘든 부분도 있지만 소금이나 간장 등의 재료가 먼저 들어가면 표면이 굳어져 상대적으로 입자가 굵은 설탕이 침투하기 어렵기 때문이다. 또한 설탕을 사용할 때는 너무 많이 넣어 주재료가 갖고 있는 고유의 맛을 잃어버리지 않도록 적절한 양을 사용하여야 한다.

② 소금(塩 しお)

소금은 음식 전체의 맛을 결정하는 중요한 역할을 하기 때문에 처음부터 전체의 양을 사용하는 것보다 2~3회에 걸쳐 맛을 조절해 가며 투입하는 것이 바람직하다.

③ 간장(醬油 しょうゆ)

간장은 크게 진간장(濃口 こいくち), 연간장(薄口 うすくち), 다마리(だまり)로 분류되는데 각각의 간장마다 특유의 향과 맛이 다르기 때문에 조리방법에 따라 적절히 선택하여야 하며 조금씩 첨가하면서 그 맛과 향 및 색을 잘 살려야 한다.

④ 맛술(味淋 みりん)

맛술은 요리를 함에 있어 특유의 단맛을 내주기도 하지만 조림요리 시 생선의 잡냄새를 잡아주거나 조림의 윤기를 더해주기도 한다. 단맛은 설탕의 절반 정도이지만 단맛 이외에도 특유의 감칠맛이 있다. 조리 시에는 가열하여 알코올을 날리고 사용하면 감칠맛 등을 더욱 잘 느낄 수 있다.

⑤ 청주(淸酒 さけ)

조림요리를 할 때 설탕과 함께 가장 먼저 투입되는 조미료 중 하나로 비린내 제거 및 재료를 보다 부드럽게 만들어주기도 하고 식재료가 가지고 있는 감칠맛과 풍미를 더해주기도 한다.

(4) 조림요리의 종류

① 니쓰케(煮つけ)

일반적으로 생선을 조리하는 데 사용하는 방식으로 국물을 적게 하여 연한 갈색이 나도록 조려내는 방식이다.

② 아라니(粗煮 あらに)

아라다키(粗炊き あらだき)라고도 하는데 생선을 손질하고 남은 머리나 뼈 등을 아라(粗)라고 한다. 이렇게 생선의 머리나 뼈 또는 생선을 토막 내어 간장에 조리는 방식을 말한다.

④ 미소니(味噌煮 みそに)

보통은 비린내가 심한 고등어나 전갱이같이 등 푸른 생선을 조릴 때 사용한다. 생선의 비린 맛뿐 아니라 된장 특유의 풍미를 느낄 수 있는 조리방법이다.

⑤ 아게니(揚げ煮 あげに)

재료를 전분이나 밀가루 등으로 반죽하여 튀긴 후 조리하는 방법이다. 보통은 채소와 육류를 함께 사용하는 경우가 많다.

⑥ 간로니(甘露煮 かんろに)

주로 민물고기를 조릴 때 많이 사용하는 방법으로 조림국물을 재료에 끼얹어 주면서 단맛이 강하게 조리는 것을 말한다.

⑦ 데리니(照煮 てりに)

조림국물이 거의 없어질 때까지 진하고 윤기 나게 조려내는 방식으로 주로 도시락에 사용되는 조림요리에 많이 사용한다.

⑧ 우마니(旨煮 うまに)

각종 채소나 닭고기 등을 단맛이 진하게 배도록 조려내는 것을 말한다.

▲ 도미머리 조림(たい かぶとに)

6) 구이(燒物)

(1) 구이요리의 개요

다른 요리에 비해 비교적 단순하게 보이는 구이요리는 재료 자체가 가지고 있는 맛을 잘 살릴 수 있으며 굽는 방법에 따라 다양한 맛과 풍미를 느낄 수 있다는 장점을 가지고 있다. 굽는 방법에는 크게 석쇠나 꼬챙이를 이용한 직화구이와 오븐이나 기타 다른 도구를 이용하여 굽는 간접구이로 나눌 수 있다.

하지만 이러한 구이요리를 하기 위해서는 신선한 식재료의 선택과 굽는 방법에 따라 재료의 손질을 달리해야 한다. 생선을 구울 경우 바다생선은 살 쪽부터 민물고기는 껍질 쪽부터 굽는 것이 일반적이다. 보통 살과 껍질의 굽는 비율은 6:4 정도가 적당하며 생선을 구울 때 미리 소금을 뿌려 살을 단단하게 해주는 것이 좋다. 특히 흰 살생선의 경우에는 너무 바짝 구우면 살이 퍽퍽해지기 때문에 주의해야 하며 등 푸른 생선의 경우에는 비린내가 강하게 나기 때문에 완전히 익도록 구워야 한다.

또한 강한 불에서 재료를 멀리 두고 굽는 방법이 가장 이상적이라고 할 수 있는데 이처럼 구이요리에서 가장 중요한 것은 굽는 방법이겠지만 식재료의 선택과 손질, 다양한 도구의 사용 등 기본적인 방법들을 잘 지켜야만 맛과 풍미를 잘 살릴 수 있는 훌륭한 구이요리를 만들 수 있다.

(2) 구이요리의 분류 및 종류

[직접구이(直接焼き ちょくせつやき)]

① 소금구이(塩焼き しおやき)

구이요리에서 가장 기본적인 방법이며 재료에 소금을 직접 뿌려 굽는 방법이다. 재료가 가지고 있는 맛을 가장 잘 느낄 수 있는 조리방법이다.

② 간장구이(照り焼き てりやき)

간장에 설탕, 맛술, 청주 등으로 양념간장을 만들어 붓으로 2~3회 정도 재료에 발라가며 굽는 방법이다. 양념간장을 바르면 쉽게 탈 수 있기 때문에 불 조절에 신경을 써야 한다.

③ 유안야키(幽庵焼き ゆあんやき)

간장과 설탕, 맛술, 청주 등에 양파, 대파, 레몬 등을 넣고 소스를 만들어 재료를 재워놨다 굽는 방법이다.

④ 된장구이(味噌焼き みそやき)

된장을 맛술이나 청주 등으로 간을 하여 재료를 절였다가 굽는 방법으로 옥돔, 병어, 고등어, 삼치 등 다양한 종류의 생선에 많이 사용한다. 된장 또한 불에 타기 쉽기 때문에 불 조절을 잘 하며 구워야 한다.

⑤ 황금구이(黃身燒き きみやき)

재료에 달걀노른자나 성게 알을 여러 번 발라가며 굽는 방법으로 새우나 오징어, 관자 등 비교적 살이 흰색에 많이 사용하는 방법이다.

[간접구이(間接燒き かんせつやき)]

① 감싸 굽기(包み燒 つつみやき)

쿠킹호일 등으로 식재료를 감싸 굽는 방법이다. 재료를 감싸 굽기 때문에 식재료의 맛과 향을 그대로 간직할 수 있다는 장점이 있지만 그만큼 식재료의 선택을 잘 해야 한다.

② 질냄비 구이(焙烙燒き ほうろくやき)

질그릇 안에 돌이나 소금을 넣고 솔잎 등을 깔아 그 위에 재료를 올려 굽는 방법이다.

[담는 방법(盛りつけ)]

생선구이를 접시에 담을 때 머리는 왼쪽으로 배는 먹는 사람의 앞으로 오게 담아야 한다. 또한, 토막 생선을 담을 때에는 바다생선의 경우 껍질 쪽이 위를 향하게 담고, 민물생선의 경우에는 살이 위를 향하게 담아야 한다. 구이요리에서 곁들임을 아시라이(あしらい)라고 하는데 이러한 곁들임은 모양이나 계절감, 주요리와의 조화 등을 생각하여 선택하도록 하고, 레몬, 유자, 연근, 생강순, 밤 등 다양한 재료를 사용하며 주요리의 앞쪽에 위치하도록 놓는다.

▲ 은대구 유안야키(ぎんたら ゆあんやき)

▲ 삼치 된장구이(さわら みそつけやき)

▲ 도미 소금구이(たい しおやき)

▲ 붕장어 숯불구이(あなご すみびやき)

7) 찜(蒸物)

(1) 찜요리의 개요

찜기(蒸し器 むしき) 안에 재료를 넣고 수증기로 익혀내는 요리로 모양과 맛, 향을 그대로 유지시킬 수 있다는 장점을 가지고 있다. 일반적으로 생선이나 육류 등을 요리할 때는 강한 불에서 익혀내지만 달걀이나 두부 등은 약한 불에서 쪄내는 것이 좋다. 재료를 선택하고 손질함에 있어서도 그 본연의 맛과 향을 유지시키는 방법이기에 더욱 세심한 주의를 기울여야 하며 재료의 크기와 형태, 담는 용기의 종류에 따라 조리시간을 조금씩 다르게 설정해야 한다.

① 찜통(蒸し器 むしき)

찜기는 크게 세이로(蒸籠 せいろ)라고 하는 나무찜통과 금속성인 스테인리스나 알루미늄으로 된 찜통이 있으며 나무찜통의 경우 열효율과 수분흡수가 잘 된다는 장점이 있는 반면에 관리가 어렵다는 단점이 있으며 금속성의 경우에는 관리가 쉽지만 나무찜통에 비에 열효율이 떨어진다는 단점이 있다. 찜기를 사용할 때에는 항상 열을 가하여 증기가 충분히 올라온 상태에서 재료를 넣어야 하며 용기의 크기를 고려하여 적절한 높이와 바닥이 넓으면서 물의 양이 많이 들어갈 수 있는 것을 사용하는 것이 좋다. 또한, 2단 이상의 찜기를 사용할 때는 단의 위치를 바꿔주어야 재료가 균일하게 익을 수 있다.

② 불 조절(火 かけん)

보통 생선이나 육류 등 조리하기 전에 단단한 재료는 열을 가하면 부드러워지기 때문에 강한 불에서 쪄내야 하며 달걀이나 두부, 다진 생선 등처럼 조리하기 전에 부드러웠다 열을 가하면 단단해지는 재료는 약한 불에서 쪄내는 것이 좋다.

(2) 재료에 따른 찜요리 방법

① 어패류

흰 살생선, 등 푸른 생선, 조개류 등 종류에 따라 익히는 정도가 달라지는데 흰 살생선의 경우에는 완전히 익히는 것보다 약 90~95% 정도로 익혀야 부드럽고 담백한 맛을 느낄 수 있으며 지방이 많은 등 푸른 생선의 경우에는 완전히 익혀내야 한다. 또한 조개류는 너무 많이 익히면 질겨지기 때문에 조개의 뚜껑이

열렸을 때 찜통에서 꺼내야 한다.

② 육류, 가금류

소고기나 오리고기처럼 육질이 붉은색의 재료는 중심부가 붉은빛이 나도록 80% 이내로 익혀내는 것이 좋으며 돼지고기나 닭고기와 같이 육질이 흰색의 재료는 완전히 익혀내야 한다.

③ 채소

채소류는 특유의 색과 씹히는 맛을 살려서 조리해야 하므로 살짝 익혀 아삭한 식감을 느낄 수 있도록 해야 한다. 하지만 감자나 토란 같은 근채류는 시간을 두고 천천히 열을 가하여 완전히 익혀내야 한다.

(3) 찜요리의 종류 및 분류

찜요리는 사용하는 재료에 따라 사카무시, 신슈무시, 가부라무시, 도묘지무시 등으로 나눌 수 있으며 사용하는 용기나 형태에 따라 도빙무시, 자완무시, 사쿠라무시, 호네무시 등으로 나눌 수 있다.

① 술찜(酒蒸し さかむし)

도미, 전복, 조개류, 닭고기 등에 소금으로 간을 하고 청주를 부어 쪄내는 방법이다.

보통은 알코올을 날려 보내고 사용하는 것이 일반적이며 청주 특유의 향이 재료에 배어 맛을 더욱 잘 느끼게 해주는 조리법이며 감칠맛을 더해주기 위해 다시마를 바닥에 깔고 그 위에 재료를 올려 쪄내기도 한다.

② 메밀국수찜(信州蒸し しんしゅうむし)

흔히 소바(そば)라고 하는 메밀국수를 이용한 요리방법으로 주로 흰 살생선에 메밀국수나 녹차소바를 삶아 속에 넣거나 감싸서 쪄내는 요리이다. 신슈라는 말은 현재 일본 나가노현의 옛 명칭이며 이곳이 메밀의 산지로 유명하여 붙여진 이름이다.

③ 순무찜(舞蒸し かぶらむし)

겨울철 교토를 대표하는 요리로 강판에 갈아 놓은 순무에 달걀흰자를 거품 내어 섞고 재료 위에 올려 쪄내는 요리이다. 순무는 가능한 매운맛이 적은 것을 선택하여 빨리 쪄내야 특유의 풍미를 유지시킬 수 있다.

④ 찐 쌀찜(道明寺蒸し どうみょうじむし)

도묘지라는 것은 찹쌀을 쪄서 건조시킨 다음 잘게 부숴놓은 것을 말하는데 이것을 재료에 감싸거나 올려서 쪄내는 조리방법이다. 주로 흰 살생선에 많이 사용하며 분홍색으로 색을 들여 봄철에 많이 사용한다.

이 밖에도 송이버섯 등을 주전자에 넣고 다시를 부어 쪄내는 도빙무시(土瓶蒸し), 찻잔에 달걀을 쪄내는 차완무시(茶碗蒸し), 벚꽃 잎을 감싸 쪄내는 사쿠라무시(櫻蒸し) 등이 있다.

▲ 차완무시(ちゃわんむし)

▲ 신주무시(しんしゅむし)

▲ 청어두부찜(にしん とうふむし)

8) 튀김(揚物)

(1) 튀김요리의 개요

기름에 튀겨내는 일본의 튀김요리를 아게모노(揚物 あげもの)라고 하는데 식재료가 귀했던 옛날에 시장에서 팔다 남은 재료에 밀가루 반죽을 입혀 재료를 감춘 다음 기름에 튀겨낸 것이라고 한다. 이러한 튀김요리를 대표하는 것이 덴푸라(天婦羅)인데 이 말의 어원은 여러 가지 설이 있지만 가장 유력한 것은 17세기 무렵 일본의 나가사키항이 개항을 하면서 외국과의 교류가 활발하게 이루어졌는데 이때 포르투갈이나 스페인의 상인들이 '덴페라(テンペラ)'라고 하는 많은 양의 기름으로 요리하는 것을 보고 고안하여 만들어진 것이 덴푸라이다.

당시에는 도쿄 앞바다에서 많이 잡히던 새우나 오징어같이 작은 생선을 많이 사용하여 사람들에게 많은 인기를 끌었으며 이후 도쿄를 중심으로 더욱 발달하여 사용하는 재료의 폭이 넓어지고 기술도 많은 발전을 하여 지금은 일본을 대표하는 세계적인 음식으로 자리를 잡았다. 일본요리는 전반적으로 비교적 식재료 고유의 담백한 맛을 잘 살려내는 조리방법을 사용하지만 예외적으로 튀김요리는 기름에 튀겨 진한 맛을 내는 조리방법이다.

(2) 튀김요리의 분류

① 스아게(素揚げ すあげ)

모도아게 라고도 하며 아무것도 묻히지 않고 식재료의 수분만 제거하여 그대로 튀기는 것을 말한다. 수분이 적고 조직이 단단한 재료에 어울리는 방법이며 색과 모양을 잘 살릴 수 있도록 하는 것이 중요하다. 튀김기름의 온도는 150~160℃ 정도가 적당하며 색감을 잘 살릴 수 있는 시소, 고추, 작은 가지, 감자, 연근 등을 많이 사용한다.

② 가라아게(唐揚げ からあげ)

재료에 밀가루나 전분 등을 직접 묻혀 튀기는 것으로 새우, 놀래미, 가자미, 보리멸 등 육질이 비교적 단단한 어류나 소고기, 닭고기 같은 육류에도 많이 사용하는 방식이다. 튀김기름의 온도는 160~170℃ 정도가 적당하며 바삭하고 단단하게 튀기기 위해 기름에 두 번 튀겨낸다.

③ 고로모아게(衣揚げ ころもあげ)

'덴푸라'라고도 하며 재료에 밀가루 반죽으로 튀김옷을 입혀 튀겨내는 것을 말한다.

재료에 크게 제한을 받지는 않지만 가급적 육류를 사용하지는 않으며 튀김기름의 온도는 사용하는 재료에 따라 170~180℃ 정도가 이상적이다. 특히 고로모아게는 밀가루를 사용하여 튀겨내기 때문에 글루텐의 형성을 최대한 억제시켜야 보다 바삭한 식감의 튀김을 만들어낼 수 있는데 그 방법은 다음과 같다.

- 밀가루는 글루텐 함량이 가장 적은 박력분을 사용할 것
- 반죽을 할 때 얼음을 사용하여 최대한 차갑게 만들 것
- 미리 반죽을 만들어두지 않을 것
- 반죽을 손으로 치대거나 너무 많이 젓지 않도록 주의할 것

(3) 튀김기름의 종류

기름의 종류는 크게 돼지나 소의 지방을 녹여낸 '라드'나 '헤트' 같은 동물성 기름과 대두유, 옥수수유, 채종유, 참기름과 같은 식물성 기름이 있는데 식물성 기름이 튀김요리를 했을 때 보다 바삭하게 튀겨지므로 동물성 기름보다는 식물성을 선택하는 것이 좋다. 좋은 기름을 선택하는 방법은 냄새가 없고 색이 엷으며 정제가 잘 되어 입자가 고운 것을 선택하여야 한다.

(4) 튀김요리의 도구

튀김요리를 할 때는 우선 적절한 팬을 사용하여야 하는데 크게는 철로 만들어진 데쓰나베, 청동으로 만든 포금냄비 등이 있다. 어느 것을 선택하더라도 가급적 바닥이 평평하고 넓으며 냄비 자체가 두꺼운 것이 좋다. 그 이유는 기름의 양이 냄비 전체에 균일하게 분포되어야 전체적인 기름의 온도를 일정하게 유지시킬 수 있으며 또한 두꺼운 냄비가 열의 손실을 막아 차가운 재료가 들어가도 쉽게 온도가 급락하지 않게 해주기 때문이다. 기름의 양은 냄비의 80%정도가 적당하며 너무 적을 경우 제대로 튀겨지지 않거나 쉽게 탈 수 있다. 또한, 기름은 열을 받으면 팽창하기 때문에 충분히 가열했을 때 냄비 높이의 80% 정도가 되도록 맞춰야 하며 기름의 양이 너무 많으면 재료를 넣었을 때 뜨거운 기름이 넘칠 수도 있기

때문에 주의하여야 한다.

이외에도 튀김옷을 만들 때 사용하는 굵은 튀김용 반죽 젓가락과 튀김 부스러기를 건져내는 거름망, 튀김의 남은 기름을 빼는 데 사용하는 튀김용 바트 등이 있다.

(5) 튀김기름의 온도

기름의 온도는 식재료의 종류나 분량에 따라 조금씩 차이가 있지만 보통 채소류나 근채류는 160~170℃, 생선 종류나 그 밖의 것은 170~180℃ 정도가 재료를 가장 이상적으로 바삭하게 튀길 수 있다. 반면 200℃ 이상의 고온에서는 재료가 익기 전에 표면이 먼저 타기 때문에 주의해야 한다. 온도를 확인했을 때 너무 높으면 잠시 식혀주거나 차가운 새 기름을 약간 섞어 온도를 맞춰주는 것이 좋고 반대로 차가운 재료나 많은 양의 재료를 튀길 때는 온도가 순간적으로 떨어져 눅눅한 튀김이 나올 수도 있으니 불의 조절이나 온도를 높여주는 등 주의를 기울여야 한다.

(6) 튀김기름의 온도 판별법

반죽해 둔 튀김옷을 기름에 한 방울 떨어뜨렸을 때 반죽이 가라앉거나 떠오르는 시간으로 알 수 있다.

① 반죽이 바닥에 가라앉았다가 천천히 올라올 때 : 150℃
② 반죽이 바닥에 가라앉았다가 금방 올라올 때 : 160℃
③ 반죽이 중간쯤 가라앉았다가 바로 올라올 때 : 170~180℃
④ 반죽이 표면에서 바로 퍼질 때 : 190℃ 이상의 고온

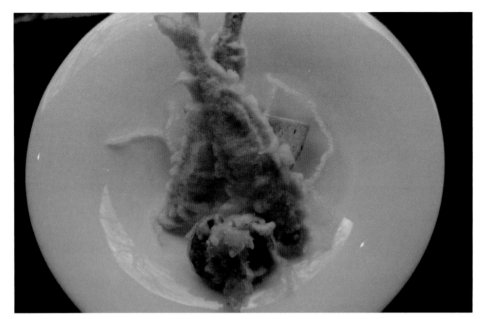

▲ 빙어튀김(わかさき てんぷら)

▲ 토란튀김(さといも てんぷら)

▲ 낫토 이소베 아게(なっとう いそべあげ)

▲ 새우튀김(えび てんぷら)

9) 초밥(鮨, 壽司)

(1) 초밥(壽司)의 유래

일본을 대표하는 첫 번째 음식이 바로 초밥이라는 것은 이미 널리 알려진 사실이다.

초창기의 초밥은 발효를 통한 보존식의 성향이 컸음을 알 수 있는데 초밥이 만들어진 초기의 형태를 보면 붕어나 잉어 같은 민물생선의 입을 통하여 내장을 제거하고 소금을 뿌려 항아리에 담아 무거운 돌로 눌러두었다가 2년 이상의 장기 발효과정을 거쳐 생선의 살을 먹기 시작하였으며 이후 시간을 보다 단축시키기 위하여 같은 방식으로 손질한 생선에 밥을 섞어 발효시켜 역시 생선만을 섭취해 오다 식량난에 봉착하게 되자 그 밥을 낭비하지 않기 위해 밥에 식초를 섞어 발효시간을 더욱 단축시켜 생선과 함께 먹기 시작한 것이 오늘날의 초밥에 가장 가까운 형태이다.

이러한 형태를 가진 초밥을 '나레스시'라고 한다. 이와 같은 초밥의 모습은 우리나라를 비롯한 동남아시아 국가에서도 많이 찾아볼 수 있는데 대표적으로는 우리나라의 가자미식해와 썩은 생선이라는 뜻을 가진 태국의 쁘라하, 대만의 도스도, 인도네시아의 쟈구루 등을 예로 들 수 있으며 현재도 중국의 산간지방에서는 모내기철에 논에 물고기를 풀어 놓고 추수가 끝나면 물고기를 수거하여 배를 가르고 내장을 제거한 다음 밥과 소금, 고춧가루 등을 섞어 물고기의 배에 채워 넣고 겨울철 식량으로 사용하고 있다.

이러한 발효음식은 육류가 귀하던 옛날 안정된 단백질 공급의 수단으로 사용되었을 것으로 볼 수 있다. 이렇게 오랜 시간을 거쳐 발전을 거듭해 온 초밥이 지금과 같은 형태를 나타내기 시작한 것은 에도시대 말기로 거슬러 올라간다.

당시 에도는 무역이 활발하게 이루어졌는데 이때 상인들을 상대로 이동식 포장마차인 '야타이(屋台 やたい)'가 성행하게 되었고 더불어 초밥도 즉석에서 식초를 섞은 밥에 생선을 올려 먹는 지금의 모양이 탄생하게 된 것이다.

이렇게 만들어진 초밥을 손으로 쥐어서 만들었다고 하여 쥠 초밥이라는 뜻의 '니기리스시(握り鮨)'라고 불렸으며 빠르게 만들었다고 하여 '하야스시'라고도 불렸다. 당시에는 초밥의 크기가 한입에 먹을 수 없을 정도로 커서 반으로 잘라서

제공하였고 현재의 많은 초밥집들이 한 접시에 두 점씩 초밥을 올려주는 이유가 여기에서 비롯됐다고 한다.

이후 1932년 9월 시즈오카, 야마나시 등을 중심으로 강력한 지진이 발생하고 이로 인하여 전국에서 모여들었던 상인들이나 초밥 기술자들이 각자의 고향으로 돌아가 에도식의 초밥을 전파하면서 전국적으로 널리 알려지게 되었다.

⑵ 초밥(壽司, 鮨)의 종류

① 쥠 초밥(握り鮨　にぎりすし)

손으로 쥐어서 만들어졌다고 하여 붙여진 이름으로 도쿄 앞바다에서 잡은 생선으로 만들었다고 하여 '에도마에 스시(江戸前)'라고도 하며 우리가 흔히 알고 있는 밥 위에 생선이나 기타 재료들을 올려낸 것을 말한다.

② 말이 초밥(卷き鮨　まきすし)

우리나라 김밥과 같이 김 위에 초밥용 밥을 올리고 다양한 식재료를 올려 김 발로 모양을 잡아 만드는 것으로 '노리마키(海苔卷き)'라고 하는데 이러한 마키스시의 종류에는 김 한 장으로 굵게 만드는 '후토마키(太卷き)'와 김을 반으로 잘라 가늘게 말아내는 '호소마키(細卷き)'가 있다. 마키스시는 니기리스시보다 더 오랜 역사를 가지고 있으며 안에 들어가는 내용물에 따라 다양한 종류로 나눌 수 있다.

③ 얇은 김초밥(細卷鮨　ほそまき)

호소마키는 김을 반으로 잘라서 만들기 때문에 굵게 마는 후토마키에 비해 내용물이 비교적 단순하며 어떤 재료를 쓰느냐에 따라 부르는 명칭이 다양해진다.

- 참치 김초밥(鐵火卷　てっかまき) : 참치의 붉은 살을 넣어 만드는 것으로 붉은색의 참치가 마치 불에 달구어진 쇠와 같다고 하여 이름이 붙여졌다.
- 오이 김초밥(胡瓜卷　きゅうりまき) : 오이를 넣어서 만드는 것으로 초밥집 에서는 '갓파마키(河童卷き　かっぱまき)'라고 부른다. 갓파라는 이름이 붙게 된 배경에는 강이나 연못에 산다는 상상 속의 동물인 갓파가 오이를 좋아한다고 해서 붙여졌다.

이외에도 말린 박 속을 삶아 간장과 설탕 등으로 간을 하여 조려낸 '간표'를 넣어 만든 '간표마키(乾瓢卷)', 단무지를 넣어 만든 싱코마키(新香卷) 등이 있다.

④ 상자초밥(箱鮨 はこすし)

도쿄에 니기리스시가 있다면 하코스시는 오사카를 대표하는 초밥이다. 나무로 된 초밥 틀에 생선을 깔고 그 위에 초밥용 밥을 올린 다음 뚜껑으로 눌러 모양을 잡은 다음 꺼내어 칼로 잘라먹는 형식이다. 고등어를 사용한 고등어초밥이 유명하며 눌러서 만든다고 하여 '오시즈시(押し鮨)' 또는 칼로 잘라 먹는다고 하여 '기리스시(切り鮨)'라고도 한다.

⑤ 흩뿌림 초밥(散鮨 ちらしすし)

밥 위에 생선이나 채소 등 다양한 재료를 올려서 밥과 함께 먹는 방식은 마치 우리의 회덮밥과 비슷하게 보이기도 하지만 우리나라는 초고추장과 함께 비벼서 먹지만 일본식 회덮밥인 '치라시스시'는 초밥용 밥을 뜻하는 샤리(舍利) 위에 박고지, 오보로, 초생강, 달걀, 오이, 조린 표고버섯, 생선회 등 다양한 식재료를 색의 조화와 균형감 등을 고려하여 밥 위에 흩뿌리듯 올려 젓가락으로 덜어 먹는다는 방식에서 차이가 있다.

⑥ 유부초밥(稻荷鮨 いなりすし)

유부를 반으로 잘라 데쳐서 기름기를 제거하고 기본다시에 간장, 설탕, 맛술, 청주 등으로 간을 하여 조린 유부에 초밥용 밥과 간을 들인 채소를 섞어 유부 속에 채워 넣는 것이다.

다른 초밥에 비해 재료와 조리법이 비교적 간단해 가정에서도 쉽게 만들 수 있으며 도시락으로 사용해도 좋다. 유부를 자를 때 가로로 자르는 것은 관동식이고 대각선으로 자르는 것은 관서식이다. 유부초밥을 '이나리스시'라고 하는데 이는 여우의 다른 말이 '이나리'이고 여우가 유부를 좋아한다고 하여 유부의 원래 뜻인 '아부라아게'가 아닌 '이나리'라고 한다.

(3) 초밥에 필요한 식재료

① 초밥용 쌀의 조건

초밥을 하기 위해서는 주재료와 함께 좋은 쌀을 고르는 것이 매우 중요하다. 초밥용 쌀의 조건은 배합초가 밥알에 골고루 잘 스며들어야 하기 때문에 흡수력이 좋은 쌀을 선택해야 한다. 일반적으로 햅쌀은 수분함량이 많고 전분이 굳어지지 않아 찰기가 많이 발생하기 때문에 상대적으로 추수 후 3개월 이상 지난 묵은쌀이 초밥에는 더 적합하다. 또한 잘 건조되어 색이 좋고 깨끗하며 껍질이 비교적 단단한 것이 좋으며 쌀의 보관에도 신경을 써야 한다. 쌀을 보관하는 데 이상적인 온도는 10~15℃이며 가능하면 통풍이 잘 되는 곳에 보관하는 것이 좋다.

초밥을 지을 때 바로 쌀을 씻어 사용하는 것보다 깨끗이 씻은 쌀을 여름에는 30분, 겨울에는 1시간 정도 물에 불린 후 체에 밭쳐 물기를 제거하여 사용하는 것이 좋다. 물의 양은 일반적으로 쌀의 부피에 대해 1.2배, 중량에 대해서는 1.5배 정도가 적당하지만 불린 쌀의 경우 쌀과 물의 양을 1:1의 비율로 잡아주는 것이 좋으며 초밥용 밥의 경우에는 그보다 물의 양이 조금 적어도 괜찮다. 밥을 지을 때 쌀을 물에 불리는 것이 좋은 이유는 쌀알 전체에 수분이 골고루 잘 스며들어 있어 밥을 지을 때 열전도가 좋아지며 뜸이 잘 들어 맛있는 밥을 지을 수 있기 때문이다. 또한 맛있는 밥을 짓기 위해 찹쌀을 섞는다든가, 다시마를 넣는다든가 미오라(ミオラ)라는 첨가제를 넣기도 한다. 하지만 적당한 물의 조절이 초밥을 하는 데 있어 가장 중요한 핵심요소이다. 또한 초밥을 지을 때 밥(샤리: しゃり)의 온도는 대단히 중요한데 사람의 체온(36.5℃) 정도일 때가 밥이 부드러우면서 만들기 쉽고 밥맛도 제일 좋은 온도라고 할 수 있다. 이 맛난 일정한 초밥의 온도를 유지하기 위해서 초밥전용 밥통에 보관하면서 사용하는 것도 좋은 방법 중 하나이다.

② 초밥용 밥(샤리) 만들기

잘 지어진 밥은 뜨거울 때 배합초와 섞어야 수분이 빨리 증발하며 배합초의 맛을 잘 빨아들인다. 배합초는 보통 흰 살생선 등을 주로 사용하여 담백한 맛을 살리는 관동지방의 경우 비교적 간을 약하게 하며 고등어나 전어 등과 같이 등푸른 생선을 주로 사용하는 관서지방의 경우에는 비교적 단맛이 강하게 나는 배합초를 사용한다.

배합초의 비율은 지역별, 개인별로 조금씩 다른데 보통은 식초 3, 설탕 2, 소금 1의 비율을 기본으로 하며 관동지방의 경우 식초 5, 설탕 1, 소금 1의 비율을, 관서지방의 경우는 보다 단맛이 강하도록 식초 10, 설탕 5, 소금 3 정도의 비율을 사용한다. 이렇게 비율을 맞춘 배합초를 약한 불에서 설탕과 소금이 녹을 정도로만 저어서 기호에 따라 레몬즙이나 다시마를 첨가한다. 밥이 완성되면 '한기리(半切)'라고 하는 초밥 비빔통에 뜨거운 밥을 넣고 배합초를 골고루 뿌려 쌀이 깨지지 않도록 나무주걱의 날을 세워 칼로 자르듯이 섞어주어야 하며 선풍기나 부채를 이용하여 수분을 빨리 날려줘야 한다. 이렇게 완성된 초밥용 밥을 보온통에 담아 사람의 체온 정도로 유지시켜 주는 것이 바람직하다.

초밥 먹는 법

초밥은 다른 음식과 달리 손으로 집어먹어도 예의에 어긋나지 않는다. 따라서 고급 초밥집에 가면 손으로 초밥을 먹을 때 밥알이 손에 묻지 않도록 손을 닦아가며 먹으라는 의미로 식사 테이블에 '데후끼(手ふき)'라고 하는 물수건을 놓아준다.

손으로 먹을 때

- 엄지, 검지, 중지 세 손가락을 이용하여 초밥을 가볍게 잡는다.
- 초밥을 옆으로 세워 생선 끝에 간장을 살짝 찍는다.
- 생선이 밑으로 가게 하여 입에 넣는다.

젓가락으로 먹을 때

- 초밥을 왼쪽으로 눕혀 젓가락으로 위쪽의 생선과 아래쪽의 밥을 같이 집는다.
- 손목을 살짝 돌려 생선에만 간장을 찍는다.
- 밥에 간장을 찍으면 밥알이 간장을 많이 흡수하기 때문에 밥알이 풀어지거나 짠맛이 강해진다.

초밥집에서 사용하는 용어

- 가리(ガリ) : 초생강
- 가마스(カマス) : 유부
- 가타미즈케(片身づけ) : 생선을 3장뜨기 하여 한쪽 살을 초밥에 사용하는 것
- 갓파(カッパ) : 오이
- 게소(ゲソ) : 갑오징어의 다리 부분
- 교쿠(ギョク) : 계란말이
- 기즈(キズ) : 박고지(간표)
- 나미노하나(波の花) : 소금
- 니마이즈케(二枚づけ) : 작은 생선의 살 두 쪽으로 하나의 초밥을 만드는 것
- 다마(タマ) : 조개 종류
- 뎃뽀(テッポウ) : 김초밥
- 무라사키(ムラサキ) : 간장
- 사비(サビ) : 고추냉이
- 사카야(サガヤ) : 오보로
- 샤리(シャリ) : 초밥용 밥
- 쓰메(ツメ) : 초밥다래
- 쓰케(ヅケ) : 참치의 붉은 살
- 아가리(上がり) : 오차
- 오데모토(オテモト) : 젓가락
- 오도리(オドリ) : 산새우
- 오아이소(オアイソ) : 계산
- 이치마이 즈케(一枚づけ) : 생선을 통째로 초밥을 만드는 것
- 히모(ヒモ) : 피조개의 가장자리 끈부분
- 히카리모노(光り物) : 등 푸른 생선류

▲ 고등어 봉 초밥(さば ぼうすし)

▲ 테마리 스시(てまり すし)

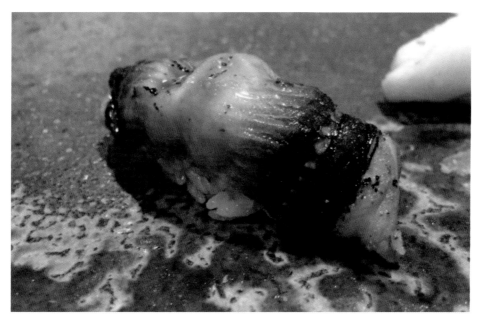

▲ 붕장어 초밥(あなご すし)

▲ 오징어 초밥(いか すし)

▲ 장어 오이 초밥(うなきゅ まき)

▲ 카이센 동(かいせん どん)

▲ 후토마키(ふとまき)

10) 우동(饂飩)

우동은 밀가루에 소금과 물을 섞어 손으로 치대고 숙성시켜 칼로 잘라 만든 면을 삶아 다시마와 가다랑어포, 멸치 등을 우려낸 육수에 간장으로 간을 하고 다양한 고명을 올려 먹는 일본의 대표적인 면요리이다. 지역별로 다양한 종류의 우동이 있으며 이는 먹는 방법이나 유부, 튀김, 미역 등 곁들이는 재료에 따라 나뉘는데 유부를 달게 조려 우동에 올려서 먹는 키츠네우동, 우동국물에 면만 넣어 먹는 가케우동, 튀김을 올려 먹는 튀김우동, 냄비에 각종 해산물 등을 함께 끓여 내는 냄비우동, 삶은 면을 차갑게 하여 각종 고명을 올린 후 츠유를 뿌려 먹는 붓가케 우동 등이 있다. 일본의 우동은 나라시대(奈良時代, 710~794)에 중국 당나라의 면요리가 널리 알려지면서 시작되었으며 이후 무로마치시대(室町時代, 1336~1573)에 밀가루 제분법과 반죽을 자르는 기술이 보급되면서 급속히 발달하여 요즘은 우동 전문점에서 다양한 종류의 우동을 접할 수 있으며 편의점 등에서는 각종 인스턴트 우동도 쉽게 찾아볼 수 있다.

일본의 5대 우동

- 가가와현의 사누키우동
- 군마현의 미즈사와우동
- 아키타현의 이나니와우동
- 나가사티의 고토우동
- 아이치현의 키시멘

7 생선의 손질방법

1) 도미 손질법

① 머리 부분에 칼집을 넣어 뼈를 끊어주고 꼬리 부분에도 칼집을 넣어 피를 뺀 후 꼬리 쪽에서 머리 쪽으로 비늘을 벗겨 낸다.

② 배꼽부분에서 아가미 방향으로 칼집을 넣어 배를 가른다.

③ 아가미 부분의 얇은 막을 제거하고 손가락으로 아가미를 살짝 들어 올린 후 연결 부위를 칼끝을 이용하여 잘라준다.

④ 내장이 터지지 않게 주의하며 아가미와 함께 몸통에서 분리한다.

⑤ 배지느러미 아래에서부터 옆지느러미 사이로 대각선으로 칼을 넣어 머리를 떼어낸다.

⑥ 칼끝으로 남아 있는 내장과 피맺힘(血合) 부위의 피를 깨끗이 제거하고 흐르는 물에 깨끗이 씻어낸다.

⑦ 수분을 제거하고 배 쪽에 칼을 넣어 중간 뼈까지 포를 뜨고 붙어 있는 갈비뼈 부분을 칼끝을 이용하여 잘라준 다음 남은 부분도 완전히 포를 떠준다.

⑧ 반대쪽도 같은 방법으로 포를 떠준다.

⑨ 3장뜨기 한 모습

⑩ 최대한 뱃살부분에 손실이 생기지 않도록 주의하며 갈비뼈를 분리한다.

⑪ 중간에 잔가시와 혈합(血合)육을 제거한다.

⑫ 꼬리 쪽에 살짝 칼집을 넣어 자리를 만든 후 칼을 바닥에 밀착시켜 왼손과 오른손을 각각 반대 방향으로 당기면서 껍질을 벗겨낸다.

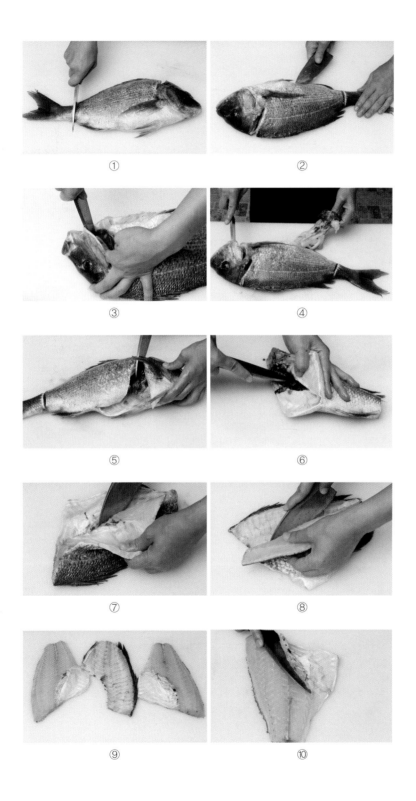

①

②

③

④

⑤

⑥

⑦

⑧

⑨

⑩

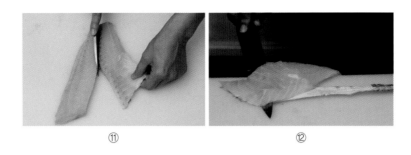

⑪   ⑫

2) 광어 손질법

① 머리 부분에 칼집을 넣어 뼈를 끊어주고 꼬리 부분도 칼집을 넣어 피를 뺀다.

② 사시미 칼을 이용하여 비늘을 벗겨낸다.(すきびき)

③ 양옆면의 지느러미 바로 밑으로 칼집을 넣어준다.

④ 반대쪽도 같은 방법으로 칼집을 넣어 머리를 떼어낸다.

⑤ 몸통의 내장을 꺼내고 손가락을 넣어 안쪽에 붙어 있는 알도 떼어낸다.

⑥ 내장을 제거한 후 칼을 세워 피맷힘(血合) 부분의 피를 긁어낸다.

⑦ 머리를 오른쪽으로 향하게 놓고 날개 지느러미 옆 칼끝을 살짝 넣고 꼬리 쪽에서부터 머리 쪽으로 칼집을 넣어준다.

⑧ 데바칼을 이용하여 지느러미 쪽에 가볍게 칼을 넣어준다.

⑨ 위에서 아래로 칼을 넣어 중간 뼈 있는 곳까지 포를 뜨고 칼을 비스듬히 놓고 위쪽의 잔뼈를 제거한다.

⑩ 중간 뼈에서 칼을 세우고 아래로 내려준다.

⑪ 뼈를 따라 포를 떠서 완전히 분리한다.

⑫ 등쪽 살, 중간 뼈, 배 쪽 살을 3장뜨기로 분리한다.

⑬ 양쪽의 지느러미 부분을 따로 떼어낸다.

⑭ 광어 위쪽의 갈비뼈를 도려낸다.

⑮ 꼬리부분에 15도 각도로 칼집을 넣은 후 머리쪽 방향으로 칼을 넣는다.

⑯ 껍질을 벗겨 놓은 상태로 사시미, 스시 등에 사용된다.

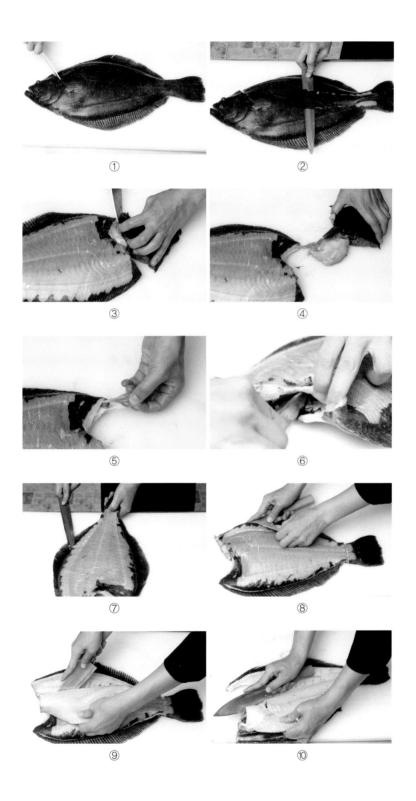

① ② ③ ④ ⑤ ⑥ ⑦ ⑧ ⑨ ⑩

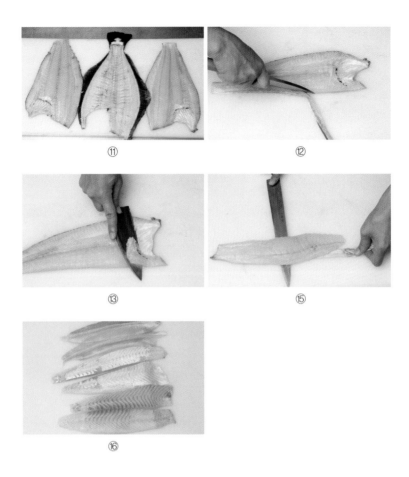

⑪　　　　　　　　　　⑫

⑬　　　　　　　　　　⑮

⑯

3) 학꽁치 손질법

① 꼬리 쪽에서 머리 쪽으로 비늘을 제거한다.

② 데바칼로 배 쪽의 지느러미를 심까지 완전히 뽑아준다.

③ 옆 지느러미 밑으로 칼집을 넣어 머리를 자른다.

④ 머리 쪽에서 항문까지 칼집을 넣어 내장을 제거한다.

⑤ 칼 끝으로 치아이 부분을 깨끗하게 긁어낸다.

⑥ 머리 쪽에서 꼬리 쪽으로 한 번에 포를 뜬다.

⑦ ⑥과 같은 방법으로 한 번에 포를 뜬다.

⑧ 위와 같이 3장뜨기가 된다.

⑨ 갈비뼈를 최대한 칼에 붙여 제거한다.

⑩ 꼬리 쪽에 살짝 칼집을 넣고 칼등으로 밀면서 껍질을 제거한다.

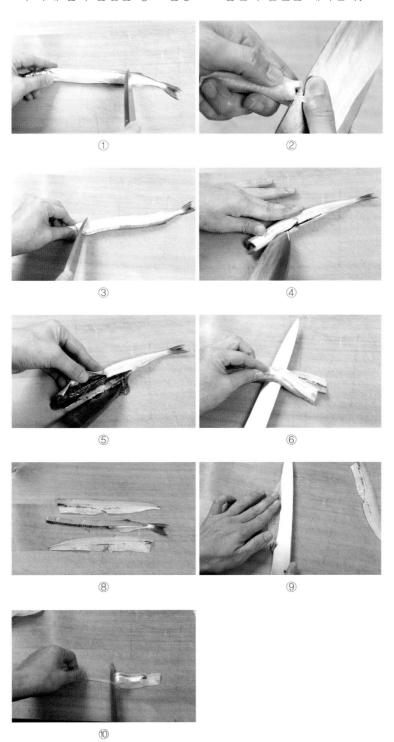

①

②

③

④

⑤

⑥

⑧

⑨

⑩

4) 농어 손질법

① 머리 위쪽으로 칼을 넣어 뼈를 끊고 피를 빼준다.

② 아가미를 따라 칼을 넣는다.

③ 아가미 아래쪽부터 칼을 넣어 배를 가른다.

④ 내장을 완전히 제거한다.

⑤ 가마살을 따라 대각선으로 칼을 넣어 머리를 분리한다.

⑥ 배 부분의 막을 제거하고 남은 피를 제거한다.

⑦ 배 쪽에서 중간 뼈까지 칼을 넣어 반을 가른다.

⑧ 뒤집어서 등 쪽에 칼을 넣어 살을 분리한다.

⑨ 반대쪽도 같은 방법으로 살을 분리한다.

⑩ 3장뜨기 한 모습

⑪ 뱃살을 최대한 살리면서 갈비뼈를 제거한다.

⑫ 꼬리 쪽에서부터 칼을 넣어 껍질을 벗겨 낸다.

⑬ 중간의 혈합육을 깨끗이 분리한다.

⑭ 손질된 농어를 용도에 맞게 잘라 사용한다.

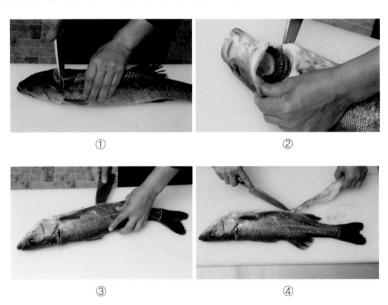

① ②

③ ④

⑤

⑥

⑦

⑧

⑨

⑩

⑪

⑫

⑬

⑭

5) 우럭 손질법

① 머리 위쪽으로 칼을 넣어 뼈를 끊고 피를 빼준다.

② 아가미를 따라 칼을 넣는다.

③ 아가미 아래쪽부터 칼을 넣어 배를 가른다.

④ 내장을 완전히 제거한다.

⑤ 가마살을 따라 대각선으로 칼을 넣어 머리를 분리한다.

⑥ 배 부분의 막을 제거하고 남은 피를 제거한다.

⑦ 배 쪽에서 중간 뼈까지 칼을 넣어 반을 가른다.

⑧ 뒤집어서 등 쪽에 칼을 넣어 살을 분리한다.

⑨ 중간 뼈끝에 붙어 있는 살을 칼끝으로 살짝 긁어내듯이 하여 살을 분리한다.

⑩ 3장뜨기 한 모습

⑪ 뱃살을 최대한 살리면서 갈비뼈를 제거한다.

⑫ 꼬리 쪽에서부터 칼을 넣어 껍질을 벗겨 낸다.

⑬ 손질된 우럭을 용도에 맞게 잘라 사용한다.

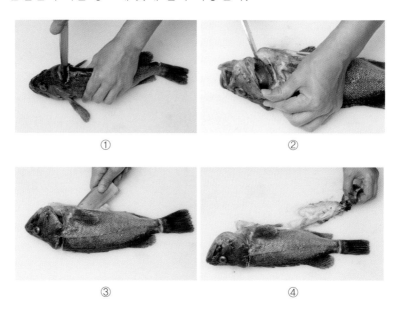

①

②

③

④

⑤

⑥

⑦

⑧

⑨

⑩

⑪

⑫

⑬

MEMO

제2장

일본요리 실기

Japanese Dishes

돈카츠덮밥

カツ丼 かつどん

지급재료

돼지고기 등심 150g, 달걀 2개, 습식 빵가루 80g, 밀가루 80g, 양파 50g, 실파 20g, 진간장 30ml, 설탕 20g, 청주 20ml, 김 1/4장, 가다랑어포 20g, 건다시마 5g, 식용유 500ml, 후춧가루 1g, 쌀 120g

만드는 법

❶ 다시마와 가다랑어포를 이용하여 가쓰오다시를 만든다.

❷ 김을 살짝 구워 가늘게 썰어둔다.

❸ 돼지고기는 부드럽게 하기 위하여 칼집을 넣고 소금, 후추로 밑간을 한다.

❹ 양파는 채썰고 실파는 4cm 길이로 잘라둔다.

❺ 덮밥다시를 만들어둔다.(다시 1컵, 설탕 1T, 간장 2T, 맛술 1T, 청주 2T)

❻ 준비된 돼지고기에 밀가루 → 달걀 → 빵가루 순으로 튀김옷을 입혀 170℃ 온도에서 바삭하게 두 번 튀겨낸다.

❼ 덮밥다시가 끓으면 양파를 넣고 익히다 실파를 넣고 튀겨낸 돈카츠를 먹기 좋게 썰어 위에 올리고 달걀을 1/2 정도 풀어 재료 위에 덮어 반숙 정도로 익힌다.

❽ 그릇에 밥을 담고 재료가 흐트러지지 않도록 올린 후 썰어둔 김을 올려 완성한다.

• 김은 미리 썰어두면 금방 눅눅해지므로 마지막에 썰도록 한다.

닭꼬치구이
燒き鳥 やきとり

닭다리살 120g, 설탕 20g, 건다시마 5g, 청주 30ml, 후춧가루 2g, 맛술 30ml, 대파 100g, 진간장 50ml, 가지 40g, 청피망 30g, 홍피망 30g, 양파 80g, 소금 10g

만드는 법

❶ 다시마육수를 만든다.

❷ 닭고기의 뼈를 발라낸 뒤 물에 담가 핏물을 빼고 닭고기는 한입 크기로 잘라 소금, 후추로 밑간을 들여 놓는다.

❸ 발라낸 닭 뼈와 양파, 대파를 그릴에 바싹 굽는다.

❹ 다시 1컵, 간장 1/2컵, 설탕 1/2컵, 맛술 1/4컵, 청주 1/4컵에 구운 닭 뼈와 양파, 대파를 넣고 은근한 불에 1/2 정도 될 때까지 조려 데리야끼 소스를 만든다.

❺ 가지와 대파, 양파, 피망을 닭고기와 같은 크기로 잘라 꼬치에 꽂아 2/3 정도 구운 다음 데리야끼 소스를 2~3회에 걸쳐 바르며 구워낸다.

❻ 완성된 꼬치구이를 그릇에 보기 좋게 담아낸다.

• 데리야키 소스를 만들 때 센 불에서 끓이면 주변이 타면서 소스에 쓴맛이 배게 되고 닭 뼈나 구운 채소에서 깊은 특유의 향미가 나오지 않으므로 은근히 조려준다.

냄비우동
鍋うん なべうどん

밀가루(중력분) 200g, 닭고기 60g, 중합 2개, 표고버섯 20g, 찜어묵 20g, 쑥갓 20g, 팽이버섯 20g, 새우 2마리, 대파 40g, 건다시마 5g, 가쓰오부시 20g, 청주 20ml, 맛술 20ml, 우스구치 간장 50ml, 소금 30g

만드는 법

❶ 중력분을 체에 곱게 내린다.

❷ 계절에 따라 소금물의 농도를 맞추고 밀가루와 잘 섞어준다.

❸ 손으로 힘 있게 반죽을 치댄 후 비닐봉지에 넣어 발로 30분간 골고루 밟아준 다음 2시간 정도 숙성시 킨다.

❹ 다시마와 가쓰오부시를 이용해 가쓰오다시를 만든다.

❺ 닭고기는 손질하여 먹기 좋은 크기로 잘라 데치고 새우는 내장만 제거하여 데쳐준다.

❻ 표고버섯과 대파는 채썰어 준비하고 찜 어묵은 물결 모양으로 잘라둔다.

❼ 숙성이 완료된 반죽을 밀대로 밀어 길게 접은 다음 칼로 썰어 15분 정도 삶아 찬물로 여러 번 씻어 준 비한다.

❽ 가쓰오다시 15, 간장 1, 맛술 1, 청주 1/2의 비율로 우동다시를 만든다.

❾ 냄비에 삶아진 우동면을 담고 손질한 모든 재료를 보기 좋게 담고 우동다시를 부어 끓여낸다.

❿ 마지막에 쑥갓과 팽이버섯을 올려 완성한다.

※ 우동면 반죽 비율

계절	소금	물
여름	1	9
봄, 가을	1	11
겨울	1	15

계절	소금물의 양	물
여름	84g	42%
봄, 가을	88g	44%
겨울	92g	46%

에비마요

海老マヨ えびマヨ

차새우 6마리, 마요네즈 100g, 감자 1개, 식용유 500ml, 연유 10g,
감자전분 50g, 생크림 20ml, 꿀 10g, 파슬리 가루 1g, 레몬 20g,
아몬드칩 10g

만드는 법

❶ 마요네즈 50g, 꿀 20g, 연유 10g, 생크림 20cc를 잘 혼합하여 냉장고에 숙성시켜 둔다.

❷ 감자를 돌려깎기한 후 채썰어 흐르는 물에 담가 전분을 제거하고 건져 키친타월을 이용하여 수분을
제거한다.

❸ 새우는 꼬리는 살려두고 머리와 껍질, 내장을 제거하여 등 쪽에 칼집을 넣어 손질한다.

❹ 달걀은 흰자만 살짝 풀어둔다.

❺ 170℃의 기름에 준비된 감자를 튀겨낸다.

❻ 감자를 건져내고 손질된 새우에 전분 → 달걀 흰자 순서로 묻혀 180℃의 기름에 튀겨낸다.

❼ 튀긴 새우가 따뜻할 때 준비된 마요네즈에 버무린다.

❽ 접시에 튀겨낸 감자채를 깔고 새우를 올린 후 잘게 부순 견과류와 파슬리가루, 레몬을 올려 마무리
한다.

장어구이

蒲燒き かばやき

민물장어 1마리, 통생강 50g, 대파 80g, 양파 60g, 산초가루 1g, 진간장 200ml, 청주 60ml, 설탕 30g, 물엿 20g, 맛술 150ml

※ 장어데리
- 간장 8, 맛술 7, 청주 3, 설탕 2, 물엿 1, 생강, 대파, 양파, 장어뼈

만드는 법

❶ 장어를 도마에 고정시키고 등뼈를 중심으로 갈라 펼쳐서 손질한다.

❷ 장어뼈를 물에 담가 핏물을 제거하고 대파, 양파와 함께 구워준다.

❸ 분량의 재료에 구운 양파와 대파, 생강을 넣고 은근하게 조려 장어데리를 만든다.

❹ 생강을 얇게 저며 가늘게 채썰어 하리쇼가를 만들어둔다.

❺ 손질한 장어를 껍질부터 구워준다.

❻ 구워진 장어를 찬물에 담가 기름기를 제거하고 찜통에 10분 정도 쪄낸다.

❼ 적당한 크기로 잘라 장어데리를 2~3회가량 발라가며 구워 산초가루를 뿌리고 하리쇼가를 곁들여 낸다.

고등어 된장조림
鯖味噌煮 さばみそに

고등어 1마리, 아와세 미소 100g, 건다시마 5g, 맛술 150ml, 청주 150ml, 설탕 35g, 통생강 10g, 대파 40g

만드는 법

❶ 고등어를 3장뜨기 하여 잔가시를 제거하고 소금을 살짝 뿌려둔다.

❷ 다시마를 이용하여 다시마 육수를 만든다.

❸ 준비된 다시마 육수에 손질된 고등어를 깨끗이 씻어 담고 분량의 일본된장을 풀고 맛술, 간장, 설탕, 청주로 간을 하고 생강을 한 쪽 넣어 종이덮개를 덮어 은근히 조려준다.

❹ 대파 흰 부분을 살짝 갈라 심을 빼내고 5cm 길이로 가늘게 채썰어 찬물에 헹궈둔다.

❺ 완성된 고등어조림을 그릇에 담고 채썬 대파를 올려 완성한다.

소고기 감자조림

肉ジャガ にくじゃが

소등심 80g, 감자 1개, 당근 80g, 실곤약 60g, 양파 80g, 건다시마
5g, 가쓰오부시 20g, 설탕 50g, 청주 50ml, 맛술 50ml, 진간장 50ml

만드는 법

❶ 다시마와 가쓰오부시를 이용하여 가쓰오다시를 만들어둔다.

❷ 소등심은 얇게 슬라이스하여 끓는 물에 살짝 데쳐둔다.

❸ 당근은 한입 크기로 썰고 감자는 당근보다 조금 더 크게 썰어 물에 담가둔다.

❹ 양파는 슬라이스하고 실곤약은 끓는 물에 데쳐둔다.

❺ 감자와 당근을 팬에 살짝 볶아낸 다음 냄비에 소고기와 함께 담고 재료가 살짝 잠길 정도로 가쓰오다
시를 붓고 청주와 맛술, 설탕을 넣어 먼저 끓여준다.

❻ 재료가 끓어오르면 거품을 걷어내고 실곤약을 넣고 간장으로 간을 하여 약하게 조려준다.

❼ 재료가 거의 익었을 무렵 채썬 양파를 넣고 한 번 더 끓여준다.

❽ 젓가락으로 감자와 당근을 찔러 상태를 확인하고 다 익었으면 그릇에 담아 완성한다.

다이나마이트롤
ダイナマイトロール

지급재료

쌀 120g, 새우 2마리, 튀김가루 50g, 밀가루 50g, 아보카도 1/4개, 달걀 1개, 오이 1/2개, 날치알 30g, 게살 50g, 마요네즈 50g, 칠리소스 50g, 핫소스 10g, 초밥용 김 1장, 식초 60ml, 설탕 40g, 소금 20g, 마늘 1알, 식용유 500ml

만드는 법

❶ 쌀을 깨끗이 씻어 불린 다음 쌀 1에 물 0.8 정도의 비율로 밥을 짓는다.

❷ 식초 3, 설탕 2, 소금 1의 비율로 배합초를 만들어둔다.

❸ 마요네즈 5, 칠리소스 5, 핫소스 1의 비율로 소스를 만들어둔다.

❹ 오이는 껍질을 벗겨내고 돌려깎기하여 채썰어 두고 아보카도도 길게 썰어둔다.

❺ 달걀은 설탕과 소금, 간장, 청주, 맛술로 간을 하여 달걀말이를 한다.

❻ 새우는 배 쪽에 칼을 넣어 힘줄을 끊어 손질한 뒤 밀가루와 튀김가루를 혼합한 반죽을 입혀 튀겨낸다.

❼ 밥이 완성되면 뜨거울 때 배합초와 혼합하여 한 김 식혀주고 게살은 잘게 찢어 날치알과 함께 마요네즈에 버무려준다.

❽ 김발 위에 랩을 깔고 김을 올린 다음 밥을 넓게 펼쳐 뒤집어 준비된 모든 재료를 가지런히 올려 말아준다.

❾ 랩을 제거하고 튀김 부스러기를 골고루 바른 다음 8등분하고 접시에 담아 소스를 뿌려 완성한다.

유부초밥
稲荷鮨 いなりすし

쌀 150g, 유부 4장, 식초 60ml, 설탕 150g, 소금 20g, 우엉 50g,
당근 50g, 검정깨 5g, 건다시마 5g, 가쓰오부시 20g, 간장 50ml, 맛술 30ml

만드는 법

❶ 다시마와 가쓰오부시를 이용하여 가쓰오다시를 만든다.

❷ 쌀을 불려 수분을 제거하고 밥을 지어놓는다.

❸ 유부는 세로로 잘라 삶아서 기름기를 제거해 둔다.

❹ 식초 3, 설탕 2, 소금 1의 비율로 배합초를 만들어둔다.

❺ 삶아둔 유부를 다시 300cc, 설탕 70g, 간장 30cc, 미림 20cc의 소스에 조려준다.

❻ 밥이 뜨거울 때 배합초와 섞어 초밥용 밥을 만들어둔다.

❼ 우엉과 당근을 사방 0.5cm 크기로 썰어 삶아낸 다음 다시, 간장, 설탕, 미림에 조려준다.

❽ 완성된 초밥에 조려낸 우엉, 당근, 검정깨를 섞어준다.

❾ 조려진 유부에 수분을 제거하고 밥을 넣어 모양을 잡아 완성한다.

가키아게
掻揚げ かきあげ

고구마 100g, 새우 5마리, 미츠바 30g, 양파 1/2개, 당근 60g, 오징어 1/2마리, 밀가루 100g, 달걀 1개, 튀김가루 100g, 식용유 500ml

만드는 법

❶ 고구마는 껍질을 제거하고 채썰어 찬물에 담가둔다.

❷ 새우는 내장과 껍질을 제거하고 잘게 잘라둔다.

❸ 오징어의 껍질을 제거하여 가늘게 채썰고 양파와 당근도 채썰어 준다.

❹ 그릇에 준비된 모든 재료와 미츠바를 담고 달걀과 소금으로 간을 한 다음 밀가루와 튀김가루를 넣어 재료가 잘 뭉치도록 섞어가며 반죽을 한다.

❺ 준비된 재료를 170℃ 정도의 기름에 적당한 크기로 뭉쳐 바삭하게 튀겨준다.

❻ 완성된 튀김을 한입 크기로 썰어 접시에 담아 완성한다.

치킨 가라아게
鶏唐揚げ　チキンからあげ

닭 정육 300g, 감자전분 100g, 달걀 2개, 청주 30ml, 맛술 30ml, 소금 30g, 후춧가루 1g, 통생강 10g, 식용유 500ml, 치킨 베타믹스 60g, 양배추 100g, 레몬 20g, 오이피클 20g, 레몬주스 30ml, 마요네즈 100g, 양파 60g

만드는 법

❶ 닭을 손질하여 한입 크기로 잘라 소금, 후추, 생강즙, 청주로 밑간을 해둔다.

❷ 양파는 곱게 다지고 양배추를 가늘게 채썰어 찬물에 헹궈둔다.

❸ 달걀을 삶아 흰자만 분리하여 곱게 다지고 오이피클도 잘게 다져준다.

❹ 마요네즈 100g에 다져놓은 양파, 오이피클, 달걀을 섞고 소금, 후추로 간한 다음 레몬주스 20ml를 넣고 잘 섞어 타르타르 소스를 만든다.

❺ 밑간한 닭고기에 전분을 골고루 입혀 170℃ 온도의 기름에 바삭하게 두 번 튀겨낸다.

❻ 접시에 양배추를 깔고 튀겨진 가라아게를 담아 레몬을 올려 완성한다.

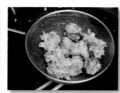

붓가케우동
打っ掛けうどん ぶっかけうどん

우동면 150g, 건다시마 5g, 가쓰오부시 20g, 우스구치 간장 50ml, 맛술 30ml, 청주 20ml, 실파 20g, 와사비 20g, 무 80g, 건표고 20g, 달걀 1개, 레몬 1/8개, 튀김가루 100g, 식용유 500ml

만드는 법

❶ 재료를 확인한다.

❷ 다시마와 가쓰오부시를 이용하여 가쓰오다시를 만든다.

❸ 우동면은 끓는 물에 삶은 다음 찬물에 헹궈 물기를 빼준다.

❹ 실파는 썰어서 찬물에 헹구고 무는 오로시를 만들어둔다.

❺ 밀가루 반죽을 하여 튀김부스러기를 만들어둔다.(덴카스)

❻ 가쓰오다시 3, 간장 1, 미림 1, 청주 1, 건 표고버섯으로 소스를 만들어 차갑게 식혀둔다.

❼ 준비된 우동면을 그릇에 담고 실파, 무즙, 덴카스를 올리고 와사비와 레몬을 곁들여 완성한다.

냉소면

冷素麵 ひやしそめん

중면 100g, 블랙타이거 새우 2마리, 건표고 20g, 건다시마 5g, 가쓰오부시 20g, 통생강 20g, 실파 20g, 미츠바 10g, 설탕 130g, 맛술 70ml, 간장 30g, 달걀 1개, 닭가슴살 80g

만드는 법

❶ 다시마와 가다랑어포를 이용하여 가쓰오다시를 만든다.

❷ 달걀은 지단을 만들어 썰어두고 닭가슴살은 삶아서 잘게 찢어 놓는다.

❸ 가쓰오다시 160ml에 간장 10ml, 맛술 15ml, 설탕 10g, 건표고버섯 1개를 넣고 살짝 끓여 차갑게 식혀 둔다.

❹ 새우는 삶아서 껍질을 모두 제거하고 등을 따라 반으로 갈라 준다.

❺ 소면을 삶아서 찬물에 헹구어 그릇에 담고 준비된 고명을 올려 소스와 함께 낸다.

차슈동

叉焼丼 チャーシューどん

통삼겹살 200g, 건다시마 5g, 청주 50ml, 간장 200ml, 맛술 100ml, 설탕 100g, 물엿 20g, 대파 30g, 양파 100g, 통마늘 2알, 통생강 20g, 월계수잎 1장, 통계피 10g, 통후추 10g, 태국고추 20g, 쌀 150g

만드는 법

❶ 프라이팬을 뜨겁게 달궈 돼지고기 겉면을 바삭하게 구워준다.

❷ 대파와 양파는 그릴에 살짝 태우듯이 바싹 구워준다.

❸ 다시마 육수 7, 간장 2, 청주 5, 맛술 1, 설탕 1, 물엿 0.2와 구운 채소, 통후추, 통마늘, 통생강, 월계수잎, 통계피, 태국고추를 넣어 소스를 만든다.

❹ 소스가 끓기 시작하면 구워놓은 돼지고기를 넣고 약 40분 정도 은근히 조려준다.

❺ 남은 대파는 심을 제거하고 결대로 가늘게 채썰어 찬물에 담가둔다.

❻ 완성된 돼지고기를 꺼내 얇게 슬라이스하고 토치로 살짝 그을려준다.

❼ 그릇에 밥을 담고 차슈와 남은 소스를 약간 뿌려주고 채썰어 둔 대파를 올려 완성한다.

돈지루
豚汁 とんじる

건다시마 5g, 가쓰오부시 20g, 돼지 목살 80g, 감자 100g, 당근 80g, 앙와세 미소 60g, 우엉 50g, 죽순 50g, 곤약 50g, 대라 50g, 무 60g, 소금 5g, 청주 20ml, 맛술 20ml, 식용유 10g

만드는 법

❶ 다시마와 가쓰오부시를 이용하여 가쓰오다시를 만들어둔다.

❷ 감자, 당근, 무, 우엉, 죽순, 곤약을 한입 크기로 썰어 감자를 제외한 재료를 끓는 물에 살짝 데쳐둔다.

❸ 팬에 기름을 살짝 두르고 돼지고기를 먼저 볶아주다 단단한 재료 순으로 채소를 넣어 한 번 더 볶아준다.

❹ 볶아진 재료를 냄비에 담고 가쓰오다시와 청주, 맛술을 넣어 소금으로 약하게 간을 하여 끓여준다.

❺ 채소가 물러지기 시작하면 된장을 풀고 한 번 더 끓여 간을 맞춰 그릇에 담고 대파를 송송 썰어 고명으로 올려 완성한다.

치킨 남방

溪 南蠻漬 チキンなんばんつけ

닭다리살 200g, 통생강 20g, 소금 5g, 후춧가루 1g, 양상추 100g,
감자전분 80g, 간장 30ml, 식초 30ml, 설탕 30ml, 청주 50ml,
마요네즈 100ml, 오이피클 20g, 달걀 1개, 레몬주스 30ml, 양파 60g,
식용유 500ml

만드는 법

❶ 닭다리는 뼈를 발라내고 넓적하게 펼쳐 소금, 후추, 청주, 생강즙으로 마리네이드한다.

❷ 양파는 사방 0.5cm 크기로 잘게 썰고 파슬리는 곱게 다져 찬물로 씻어 물기를 제거한다.

❸ 마요네즈 100g에 삶은 달걀흰자와 다진 오이피클, 준비된 양파와 파슬리를 넣고 레몬주스와 소금, 후추로 간을 하여 타르타르 소스를 만들어둔다.

❹ 양상추는 잘게 찢어 찬물에 담가둔다.

❺ 간장, 식초, 설탕, 물을 같은 비율로 혼합하고 청주와 다진 생강을 넣고 골고루 섞어 남방소를 만든다.

❻ 준비된 닭다리살에 전분을 묻혀 살짝 털어내고 170℃ 정도의 기름에 바싹하게 두 번 튀겨낸다.

❼ 튀겨낸 닭다리살을 팬에 넣고 준비된 남방소스를 부어 살짝 볶아내듯이 소스를 입혀준다.

❽ 완성된 닭튀김을 먹기 좋게 잘라 접시에 담고 양상추와 타르타르 소스를 곁들여 낸다.

스파이시 튜나롤
スパイソツナロール

참치 붉은 살 100g, 쌀 150g, 아보카도 1/4개, 오이 1/2개, 식초 60ml, 설탕 40g, 소금 20g, 고추기름 20g, 핫소스 10g, 마요네즈 80g, 참기름 20g, 무순 20g

만드는 법

❶ 쌀을 불려 수분을 제거하고 밥을 지어 놓는다.

❷ 참치는 3% 염도의 미지근한 소금물에 씻어 해동시킨다.

❸ 식초 3, 설탕 2, 소금 1을 냄비에 넣고 약한 불에서 저어가며 설탕과 소금을 녹여 배합초를 만든다.

❹ 오이는 껍질을 제거하고 돌려깎기하여 가늘게 채썰고 아보카도는 두툼하게 길이로 갈라준다.

❺ 밥이 뜨거울 때 배합초와 섞어 초밥용 밥을 만들어둔다.

❻ 참치는 수분을 제거하여 사방 0.5cm 두께로 채썰어 마요네즈 4, 고추기름 1, 핫소스 0.5, 설탕 0.5, 참기름 1을 섞어 만든 소스에 버무려준다.

❼ 김발에 랩을 깔고 김을 올린 다음 밥을 얇고 넓게 펼쳐 뒤집은 다음 준비된 재료를 올려 말아준다.

❽ 랩을 벗기고 8등분하여 접시에 담고 남은 소스를 뿌리고 무순으로 장식하여 완성한다.

도미양념구이
鯛味付け焼き

도미 250g, 소금 10g, 대파 60g, 양파 100g, 청고추 20g, 고추장 150g, 통깨 5g, 설탕 10g, 참기름 10ml, 청주 20ml, 맛술 10ml, 후춧 가루 1g, 건다시마 2g, 가쓰오부시 10g

만드는 법

❶ 다시마와 가쓰오부시를 이용하여 다시를 만들어 놓는다.

❷ 도미는 비늘과 내장을 제거하고 3장뜨기 하고 머리는 반으로 갈라 소금을 뿌려둔다.

❸ 대파와 양파, 청고추를 곱게 다져 찬물에 헹궈 놓는다.

❹ 손질된 도미를 살짝 데쳐 남은 비늘과 이물질을 모두 제거하고 소금을 살짝 뿌려 샐러맨더에 살 쪽부터 굽는다.

❺ 냄비에 고추장 150g, 설탕 10g, 맛술 10ml, 청주 15ml, 참기름 5ml에 통깨와 썰어둔 양파와 대파를 1/3을 남겨두고 넣는다.

❻ 가쓰오 다시로 농도를 조절하여 약불에서 뭉근하게 끓여 걸쭉한 상태로 소스를 만든다.

❼ 도미를 뒤집어 껍질 쪽까지 익으면 준비된 소스를 바르고 남은 양파와 대파, 청고추를 뿌려 한 번 더 살짝 굽는다.

❽ 완성된 도미양념구이에 통깨를 뿌려 접시에 담아낸다.

게살 크림 고로케

カニ クリームコロッケ

게살 80g, 양파 100g, 레몬 1/8개, 버터 50g, 우유 150ml, 밀가루 30g, 소금 10g, 후춧가루 1g, 달걀 1개, 빵가루 150g, 식용유 500ml, 양배추 100g

만드는 법

❶ 양파를 잘게 다지고 게살도 잘게 찢어 준비한다.

❷ 팬에 버터를 녹이고 양파를 넣어 볶다 소금, 후추로 간을 하고 밀가루를 넣어 루를 볶듯이 만든다.

❸ 농도가 잡히면 우유를 넣고 저어가며 찢어놓은 게살을 넣고 되직해질 때까지 농도를 확인하며 계속 저어준다.

❹ 농도가 잡히면 소금, 후추로 다시 간을 맞추고 그릇에 담아 차갑게 식힌다.

❺ 양배추는 가늘게 채썰어 찬물에 씻어 물기를 제거한다.

❻ 준비된 속재료가 식으면 적당한 크기로 떼어 모양을 잡아 밀가루, 달걀, 빵가루 순으로 옷을 입혀 170℃ 정도의 기름에 바삭하게 튀겨낸다.

❼ 접시에 양배추를 깔고 튀겨진 고로케를 담고 레몬을 올려 완성한다.

타마고 멘치까스
卵メンチカツ

지급재료

달걀 2개, 우민찌 80g, 돈민찌 80g, 소금 5g, 후춧가루 1g, 마늘 1알, 맛술 10ml, 밀가루 70g, 빵가루 100g, 식용유 500ml, 모둠새싹 30g, 양파 100g, 파슬리가루 1g, 올리브오일 30ml, 케첩 20g, 우스터 소스 20ml

만드는 법

❶ 달걀은 끓는 물에 소금을 넣고 6분간 삶아 반숙을 만든다.

❷ 냄비에 올리브오일 30ml에 밀가루 20g을 넣고 루를 만들고 여기에 물 2/3컵을 넣고 끓이다 케첩과 우스터 소스를 각각 20g씩 첨가하여 데미글라스 소스를 만든다.

❸ 소고와 돼지고기를 그릇에 담고 소금, 후추, 다진 마늘, 다진 양파, 빵가루를 넣고 찰기가 생기게 치대 준다.

❹ 달걀에 밀가루를 묻히고 고기 반죽을 입힌 다음 다시 밀가루, 달걀, 빵가루 순으로 옷을 입혀 170℃ 정도의 기름에 튀겨준다.

❺ 모둠새싹을 씻어 물기를 제거한 뒤 접시에 담고 튀겨진 재료를 반으로 잘라 담고 파슬리가루를 뿌려 데미글라스 소스와 함께 낸다.

크림카레우동
クリームカレーうどん

우동면 150g, 감자 1개, 당근 60g, 양파 60g, 돼지고기 등심 80g, 카레가루 50g, 생크림 100ml, 우유 50ml, 소금 3g, 후추 1g, 식용유 20ml, 간장 10ml, 파슬리가루 1g

만드는 법

❶ 감자 1개를 끓는 물에 삶아 껍질을 벗기고 으깨준다.

❷ 으깬 감자에 생크림 100ml, 우유 50ml를 넣고 소금, 후추로 간을 하여 곱게 갈아준다.

❸ 양파, 감자, 당근, 돼지고기를 한입 크기로 썰어 냄비에 기름을 두르고 살짝 볶아준다.

❹ 위의 재료에 물 1컵을 넣고 카레가루와 간장, 소금으로 간을 하여 끓여준다.

❺ 우동면을 끓는 물에 데친 다음 찬물로 씻어 카레에 넣고 한번 더 살짝 끓여준다.

❻ 완성된 우동을 그릇에 담고 짤주머니를 이용하여 준비된 크림을 골고루 올려주고 파슬리가루를 뿌려 완성한다.

닭고기덮밥
親子丼 おやこどん

닭고기 100g, 양파 80g, 실파 20g, 표고버섯 20g, 달걀 1개, 김 1/4
장, 설탕 10g, 간장 20ml, 건다시마 2g, 가쓰오부시 20g, 맛술 20ml,
대파 30g, 쌀 150g

만드는 법

❶ 다시마와 가다랑어포를 이용하여 가쓰오다시를 만든다.

❷ 닭고기는 뼈를 발라내고 먹기 좋게 한입 크기로 썬다.

❸ 양파는 약간 두껍게 채썰고 실파는 4cm 길이로 썬다. 표고버섯은 슬라이스한다.

❹ 대파의 흰 부분을 채썰어 찬물에 헹구어 놓는다.

❺ 끓는 물에 닭고기를 살짝 데쳐 기름기와 잡냄새를 제거한다.

❻ 가쓰오다시 1cup에 청주 1/2T, 맛술 1T, 진간장 2T, 설탕 1/2T을 넣고 덮밥다시를 만든다.

❼ 덮밥다시가 끓으면 닭고기를 넣고 익히다 거의 익어갈 무렵 준비된 채소를 넣고 살짝 익힌 다음 달걀
을 풀어 넣고 불을 끈다.

❽ 그릇에 모양이 흐트러지지 않도록 옮겨 담고 고명으로 채썰어 둔 대파를 올려 완성한다.

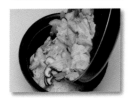

• 달걀을 풀 때는 흰자가 완전히 풀리지 않도록 하고 익힐 때에도 절반 정도만 익혀야 달걀의 끈끈
함이 재료를 잡아주고 흰자의 부드러운 식감을 느낄 수 있다.

모둠초밥

壽司盛り合 すしもりあわせ

밥 200g, 광어 50g, 도미살 30g, 붉은색 참치살 30g, 차새우 1마리,
학꽁치 1/2마리, 문어 50g, 통생강 30g, 고추냉이 20g, 도미살 30g,
청 차조기잎 1장, 식초 70ml, 백설탕 50g, 소금 20g, 진간장 20ml

※ 배합초
 • 식초 3, 설탕 2, 소금 1

만드는 법

❶ 시소는 찬물아 담가 순을 살려두고 참치는 소금물에 씻어 해동지에 감싸둔다.

❷ 뜨거운 밥에 배합초를 섞어 젖은 면포로 덮어둔다.

❸ 광어, 도미, 학꽁치는 손질 후 껍질을 벗겨 준비해 둔다.

❹ 새우는 배 쪽에 대꼬챙이를 꽂아 끓는 물에 데치고 문어도 살짝 데쳐 손질한다.

❺ 생강을 얇게 저며 삶은 다음 남은 배합초에 담가둔다.

❻ 와사비를 찬물에 개어서 준비해 두고 새우는 껍질 제거 후 배 쪽에 칼을 넣어 벌려두고 생선은 적당한
 크기로 썰어 준비한다.

❼ 준비된 재료로 초밥을 만들어 초생강과 함께 곁들여 완성시킨다.

• 밥이 뜨거울 때 배합초를 섞어준다.
• 손에 물을 너무 많이 묻히면 오히려 밥알이 풀어질 수 있으니 주의한다.

모둠생선회

刺身盛り合 さしみ もりあわせ

지급재료

붉은색 참치살 60g, 광어 50g, 도미살 50g, 무 200g, 당근 60g, 학꽁치 1/2마리, 무순 5g, 레몬 1/8쪽, 고추냉이 10g, 오이 1/3개, 청차조기잎 4장

만드는 법

❶ 깻잎과 무순을 찬물에 담가 순을 살려놓고 참치는 소금물에 씻은 후 해동지에 감싸 놓는다.

❷ 광어, 도미는 껍질을 제거하고 학꽁치는 머리와 내장을 제거하여 손질한 다음 각각 해동지나 마른행주에 감싸둔다.(생선 손질하는 방법 참조)

❸ 찬물에 와사비를 개어서 준비하고 무는 얇게 돌려 깎아서 곱게 채썬 후 찬물에 헹궈 매운맛을 제거하여 겡을 만들어 둔다.(가츠라무끼)

❹ 당근은 나비, 오이는 왕관 모양으로 준비해 둔다.

❺ 참치와 도미는 평썰기(히라쯔꾸리)하고 광어는 칼을 눕혀 얇게 3쪽 정도 썰어둔다. 학꽁치는 3cm 정도 길이로 썰어 준비한다.

❻ 접시에 겡을 깔아 참치로 중심을 잡아주고 나머지 생선들을 보기 좋게 담은 후 당근나비와 오이왕관, 무순으로 장식하여 준비된 와사비와 간장을 곁들여 완성한다.

Tip

• 생선회를 할 때는 미리 칼을 잘 갈아두어야 한다.

• 돌려깎기를 할 때 일정한 두께가 되도록 신경 써야 한다.

• 생선회를 담을 때는 색감이 살아 있는 참치를 중앙에 두고 뒤에서 앞으로 오면서 담아준다.

모둠냄비
寄鍋 よせなべ

지급재료

차새우 1마리, 갑오징어살 50g, 가다랑어포 20g, 닭고기살 20g, 찜어묵 30g, 달걀 1개, 당근 60g, 무 60g, 배추 80g, 판두부 70g, 백합조개 1개, 생표고버섯 20g, 대파 60g(흰 부분 5cm), 팽이버섯 30g, 건다시마 1장, 흰 생선살 50g, 쑥갓 30g, 죽순 30g, 청주 30ml, 진간장 10ml, 소금 10g, 이쑤시개 1개

※ 냄비다시
- 가다랑어국물 2.5컵, 간장 1Ts, 청주 1Ts, 소금 조금

만드는 법

❶ 다시마와 가다랑어포를 이용해 육수를 뽑고 냄비다시를 만들어둔다.

❷ 매화어묵은 물결모양으로 썰어 준비한다.

❸ 쑥갓은 찬물에 담가 순을 살리고 무는 은행잎 모양으로 자르고 당근은 매화꽃을 만든다.

❹ 표고는 밑동을 떼어내고 *모양으로 칼집을 넣어주고 죽순은 편으로 썰어 배추와 같이 끓는 물에 데쳐낸다.

❺ 모양낸 무와 당근을 삶아내고 두부는 1cm 정도 두께로 잘라둔다.

❻ 새우는 내장을 제거하고 오징어는 껍질을 제거한 후 안쪽에 칼집을 넣어둔다.

❼ 끓는 물에 찜어묵, 새우, 오징어, 흰 살생선, 닭고기 순으로 데쳐낸다.

❽ 끓는 물에 소금을 넣고 달걀을 풀어 익힌 후 체에 밭쳐 김발로 모양을 잡아준다. (후끼요세 다마고)

❾ 준비된 재료를 냄비에 보기 좋게 담고 냄비다시를 부어 끓인 후 쑥갓과 팽이버섯을 올려 완성한다.

- 갑오징어 껍질은 소금이나 마른행주를 사용하면 쉽게 벗겨진다.
- 가쓰오부시 국물을 잘 뽑아야 모둠냄비 특유의 담백하고 시원한 맛을 느낄 수 있다.
- 후끼요세 다마고는 달걀을 잘 풀어 끓는 물에 원을 그리며 살며시 넣은 다음 2/3가량 익었을 때 재빨리 체에 밭쳐 물기 제거 후 김발에 말아 모양을 잡아준다.

MEMO

제3장

복어요리

Japanese Dishes

1 복어의 형태 및 생태

생김새는 다양하지만 대체로 긴 달걀 모양으로 짧고 불룩하게 생겼고 표면은 아주 매끄러운 것과 가시 있는 비늘을 가진 것이 있다. 입은 작고 상, 하 두 턱에 각 2개의 앞니 모양의 악치(顎齒)가 있고, 좌우의 2개는 중앙 봉합선에서 서로 닿아 주둥이 모양을 이루고 있다. 가슴지느러미는 짧고 비교적 높은 곳에 있으며 작은 아가미구멍이 그 바로 앞에 뚫려 있고 배지느러미와 요대(腰帶)는 없다. 모든 지느러미는 가시로 되어 있지 않고 각각 마디가 있으며 끝이 갈라진 연조(軟條)로 되어 있다.

위(胃)는 잘록해져서 등, 배 두 부분으로 나누어져 있으며 배 쪽 부분을 팽창낭(膨脹囊)이라 하고 그 배면은 체벽에 유착되어 있다. 이 팽창낭에 물 또는 공기를 들이마셔 배를 크게 부풀릴 수 있는데, 마시는 물의 양은 몸무게의 최대 4배까지 이를 때도 있다. 적의 위협을 받아 놀랐을 때 방어를 하기 위해 배가 갑자기 커지는데 그것은 팽창낭에 의한 것이다.

배의 체측근(體側筋)은 퇴화되어 있고 그 대신 등지느러미와 꼬리지느러미의 굴근(屈筋)이 잘 발달되어 있어 이들 근육도 배가 부푸는 것을 돕는다. 온대에서 열대에 걸쳐 널리 분포하는 연해성 해산어로 주로 꼬리지느러미를 좌우로 흔들면서 헤엄치며 몸이 둥글어서 속도는 느리고 움직이는 눈꺼풀이 있다.

육식성으로 단단한 이가 있고 턱의 근육도 발달되어, 새우, 게, 불가사리, 작은 물고기 등을 잡아먹는다. 또 입에서 물을 뿜어서 바다 밑의 모래 속에 있는 조개나 털갯지네 등도 잡아먹는다. 낚싯줄을 잘 물어 끊는 것과 낚아 올렸을 때 이빨 가는 소리를 내는 것도 이빨과 턱이 발달되어 있기 때문이다.

복어의 종류 중에 참복, 까치복 등 몇 종류만 식용이 가능하다. 복어를 요리할 때에는 반드시 제독과정을 거쳐야만 하며 복어요리 자격을 갖춘 복어조리기능사가 조리하는 것이 안전하다.

2 복어의 종류

복어복, 참복아목, 참복과에 속하는 어류 중 한국 근해에는 자주복, 까칠복, 검복, 졸복, 까치복, 복섬, 매리복, 바실복, 항복, 눈불개복, 빌복, 꺼끌복, 별복, 흰복, 청복 등이 알려져 있다. 그 밖에 분류학상 참복과와 더불어 복어목에 속하는 어류에는 개복치아목, 개복치과의 개복치·물개복치가 있고 파랑쥐치아목에는 은비늘치상과 은비늘치과의 은비늘치, 분홍쥐치과의 분홍쥐치가 있으며, 불뚝복상과 불뚝복과의 불뚝복, 쥐치복상과 취지복과의 파랑쥐치, 갈귀치, 무늬쥐치, 그물쥐치가 있고, 쥐치과에는 생쥐치, 쥐치, 말쥐치, 별쥐치, 흑백쥐치, 그물코쥐치, 객주리, 날개쥐치, 물각쥐치가 있다. 또 거북복과에는 거북복, 뿔복이 있고 육각복과의 육각복이 알려져 있다.

(1) 식용 가능한 복어

참복, 잔무늬복어, 상재복, 배복, 눈복, 붉은눈복, 범복, 까마귀복, 줄무늬복, 깨복, 철복, 고등어복, 삼색복, 피안복, 껍질복, 폴복어 등이 있다.

(2) 식용 불가능한 복어

독고등어복, 돌담복, 가시복, 쥐복, 상자복, 부채복, 잔무늬속임수복, 별두개복, 선인복, 무늬복, 양성복어, 얼룩곰복, 별복 등이 있다.

3 복어의 독

복어의 독은 테트로도톡신이다. 백색의 주상(柱狀)결정으로 분해점은 249℃이며 물에 녹는다고 알려져 있다. 일반적으로 산란기(겨울~봄)의 난소에 가장 많고, 간이 그 다음이며, 정소에는 없다. 의약품으로는 신경통, 관절통, 류머티즘의 진통제로 사용된다. 복어의 난소 1t에서의 수량은 약 10g이고, 치사량은 수g으로 매우 강력하며, 그 독성이 청산가리의 10배에 이른다. 복어독의 함량은 복어 종류, 계절에 따라 다르며 장기별로는 난소에 가장 많고 간, 피부, 장의 순이며 살에는 적다. 산란기의 복어 난소에 특히 독이 많은데 이는 신경독(神經毒)이어서 운동신경, 지각신경의 말초를 마비시킴과 동시에 연수(延髓)의 중추에도 작용한다. 중독 시의 증세로는 먼저 위화감(違和感)이 있고, 입술, 혀, 손, 발의 지각마비, 그리고 심해지면 전신의 근육이 마비되어 언어도 불분명하게 되며, 호흡도 약해져서 청색증에 의하여 손발의 말단이나 안면 등에 자반(紫斑)병이 나타나서 의식은 명료하지만 결국 호흡마비에 의하여 사망하게 된다. 중독 시의 대책으로는 즉시 토제(吐劑), 하제를 투여하고 혈압 상승제를 써서 혈압을 유지하고 인공호흡을 실시한다. 테트로도톡신은 의약용으로 쓰이기도 하는데, 신경통, 위경련, 피부의 가려움증, 야뇨증(夜尿症) 등에 사용된다.

4 복어의 효능

몸을 따뜻하게 하고 혈액순환에 좋으며 근육의 경화를 방지하고 부드럽게 하는 장점이 있으며 단백질과 비타민 B1, B2 등이 풍부하고 유지방이 전혀 없어 고혈압, 당뇨병, 신경통 등 성인병 예방에 좋으며 간장 해독작용이나 숙취 제거, 알코올 중독 예방에 탁월한 효과가 있고 혈액을 맑게 하여 피부를 아름답게 한다. 동의보감에도 복어에 대한 기록이 있는데 이는 다음과 같다. "河豚(복어)의 성질이 따뜻하고 맛이 달며 독이 있다. 허한 것을 보하고 습을 없애며 허리와 다리의 병을 치료하고 치질을 낫게 하며 벌레를 죽인다. 또 물에서 사는데 무엇으로 다치면 성을 내어 배가 팽팽하게 불러 오른다. 이것을 규어, 취두어, 호이어(胡夷魚)라고도 한다. 이 물고기는 독이 많다. 따라서 맛은 좋은데 제대로 손질하지 않고 먹으면 죽을 수 있다. 그러므로 조심해야 한다. 이 물고기의 살에는 독이 없으나 간과 알에는 독이 많기 때문에 손질할 때에는 간과 알, 등뼈 속의 검은 피를 깨끗하게 씻어버려야 한다. 미나리와 같이 끓이면 독이 없어진다."라고 되어 있다.

5 복요리

복어에는 여러 종류가 있는데, 그중에서 요리의 재료로서 가장 귀하게 여기는 것은 참복(자지복)이고, 그 다음이 까치복, 검복의 순이다. 복어류는 일반 생선과 달라 맹독을 가지는 경우가 있으므로 초보자는 요리를 삼가는 것이 좋다.

(1) 참복

몸길이 약 70cm이다. 몸은 연장되어 있으며, 꼬리자루가 가늘다. 두 눈 사이에서 등지느러미가 시작된 곳까지는 작은 가시가 밀생하여 있다. 몸 빛깔은 회갈청색으로 복보는 희고 가슴지느러미 뒤쪽과 등지느러미의 기저부에 흑청색의 큰 반문이 있다. 그 주변은  백색이며 가슴지느러미의 흑점 뒤에 같은 색의 불규칙한 작은 반문 2~3개가 세로로 줄지어 있다. 북면은 턱 뒤쪽에서 항문까지 작은 가시가 있고 그 밖의 부분은 매끈하다. 양 턱에 각각 2개의 치판(齒板)이 있다. 배지느러미는 없다. 등지느러미와 뒷지느러미의 앞끝은 뾰족하다. 꼬리지느러미 뒤끝은 잘린 모양이다. 맛이 매우 좋은데 간과 난소에 테트로도톡신이 들어 있다. 봄에 산란하며 산란기부터 가을까지는 먹지 않는다. 한국·일본·타이완·중국·연해주 등지에 분포한다.

1) 복어 손질방법

① 머리를 왼쪽으로 놓고 꼬리지느러미를 제외한 등지느러미, 배지느러미, 좌우 지느러미를 자른다.
② 머리를 오른쪽으로 놓고 코의 숨구멍 부분에 칼을 넣어 주둥이를 절반 정도 잘라낸다.
③ 복어의 혀가 잘리지 않도록 주의하며 주둥이를 완전히 떼어낸다.
④ 머리를 몸 쪽으로 놓고, 눈 옆으로 칼을 넣어 껍질을 따라 칼집을 낸다.
⑤ 다음은 꼬리를 몸 쪽으로 놓고 반대편의 껍질을 따라 칼집을 넣는다.

⑥ 꼬리부분에 붙어 있는 껍질을 살짝 떼어낸 다음 칼로 꼬리지느러미를 잡고 왼손으로 껍질을 당겨 분리한다.

⑦ 복어를 뒤집어 배부분의 껍질도 위와 같은 방법으로 분리한다.

⑧ 배를 위로 하고 양옆의 아가미 뼈에 칼집을 넣어 등뼈에 닿을 때까지 자른다.

⑨ 배를 위로 하고 왼편 손으로 아가미 부분을 잡고 아가미 쪽이 붙어 있는 부분을 잘라낸다.

⑩ 칼로 목 부분을 누르고 왼쪽 속으로 아가미 부분을 잡고 항문까지 잡아당겨 내장과 몸통을 분리한다.

⑪ 내장과 붙어 있는 아가미를 떼어내고 남아 있는 갈비뼈에 칼을 넣어 양옆으로 벌린다.

⑫ 벌려놓은 갈비뼈를 칼로 밀면서 내장과 갈비뼈 부분을 분리한다.

⑬ 몸통에 붙어 있는 머리를 잘라낸다.

⑭ 분리해 낸 머리는 세로로 둘로 자른 다음 눈알을 칼로 원을 그리듯이 하여 도려낸다.

⑮ 분리해 낸 머리를 칼로 긁어 이물질은 제거한다.

⑯ 갈비뼈 살의 끈적끈적한 불순물이나 피가 맺혀 있는 부분을 칼날 맨 뒤를 사용하여 깨끗이 제거한다.

⑰ 몸통에 붙어 있는 배꼽 살을 V자 형태로 칼을 넣어 떼어낸다.

⑱ 머리 쪽에서부터 꼬리 쪽으로 칼을 넣어 살을 분리한다.

⑲ 반대편도 같은 방법으로 포를 뜬다.

⑳ 복어의 살과 뼈를 3장뜨기 한 상태

㉑ 꼬리 쪽 끝의 살 부분에 붙은 껍질을 벗긴 다음 반쯤 회전시켜서 머리 방향으로 계속 벗긴다. 머리 쪽에서 뱃살 부분의 껍질 쪽으로 뒤집어 계속해서 껍질을 벗긴다.

㉒ 손질된 살은 마른 면포에 싸서 보관한다.

㉓ 복어의 주둥이를 세로로 하여 주둥이 부분의 입 끝 이빨 중앙 부분에 칼을 넣어 분리하여 소금으로 문질러 불순물을 제거한다.

㉔ 처음 분리한 껍질을 칼로 긁어 속껍질과 겉껍질로 분리한다.

㉕ 속껍질과 겉껍질을 분리한 상태

㉖ 겉껍질을 도마에 고르게 밀착시켜 펴놓고 사시미 칼을 이용하여 가시부분을 제거한다.

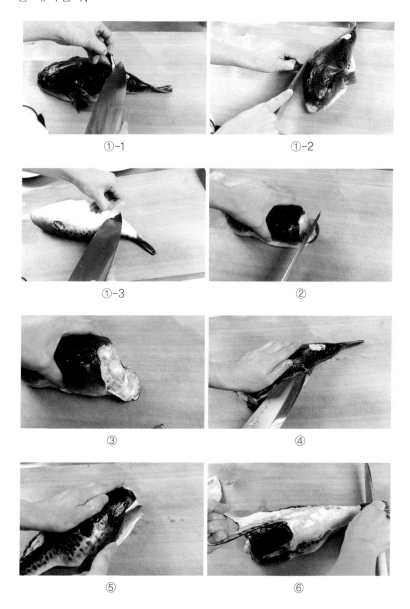

①-1

①-2

①-3

②

③

④

⑤

⑥

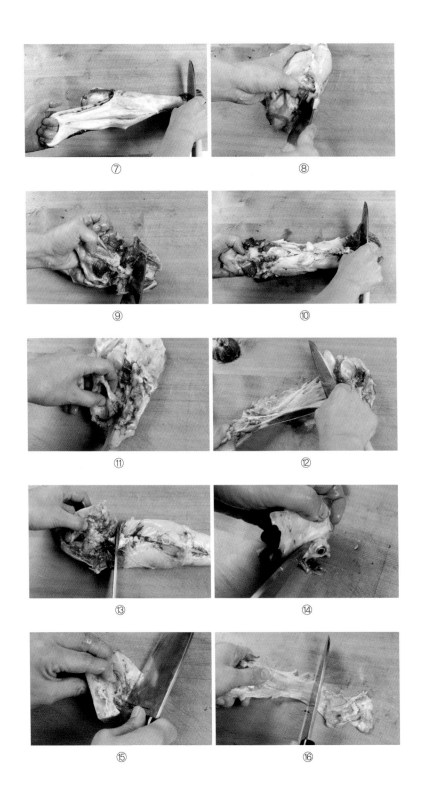

⑦

⑧

⑨

⑩

⑪

⑫

⑬

⑭

⑮

⑯

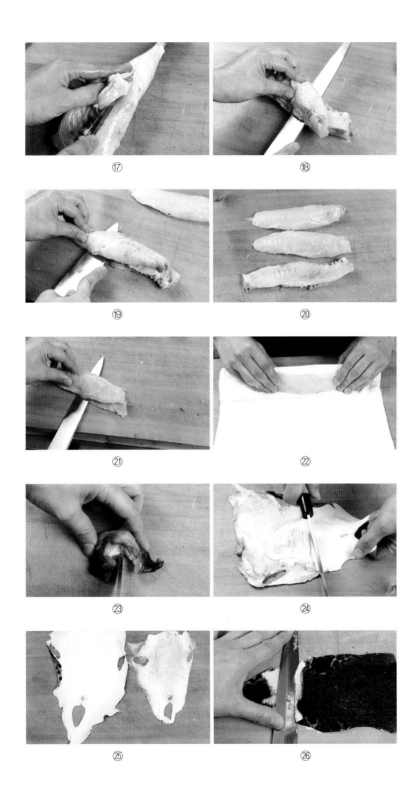

⑰ ⑱

⑲ ⑳

㉑ ㉒

㉓ ㉔

㉕ ㉖

(1) 가식부위

- 살코기 양면, 머리(둘로 분리한 것), 껍질, 지느러미, 중간뼈, 배꼽살과 주둥이, 갈빗살

(2) 불가식부위

- 양 눈, 간장, 아가미, 난소, 담낭, 위장, 심장, 비장, 알

2) 복어조리기능사

1. 요구사항

※ 위생과 안전에 유의하고, 지급된 재료 및 시설을 이용하여 아래 작업을 완성하시오.

   가. [1과제] 제시된 복어 부위별 사진을 보고 1분 이내에 부위별 명칭을 답안지의 네모칸 안에 작성하여 제출하시오.

   나. [2과제] 소제와 제독작업을 철저히 하여 복어회, 복어껍질초회, 복어죽을 만드시오.

1) 복어의 겉껍질과 속껍질을 분리하여 손질하고 가시는 제거하시오.

2) 회는 얇게 포를 떠 국화꽃 모양으로 돌려 담고, 지느러미 · 껍질 · 미나리를 곁들이고, 초간장(폰즈)과 양념(야쿠미)을 따로 담아내시오.

3) 복어껍질초회는 폰즈, 미나리, 실파 · 빨간무즙(모미지오로시)을 사용하여 무쳐내시오.

4) 껍질, 미나리 등은 4cm 정도 길이로 썰어 사용하시오.

5) 죽은 밥을 씻어 사용하고, 살은 가늘게 채 썰거나 뼈에 붙은 살을 발라내어 사용하고, 당근 · 표고버섯은 다지고, 뼈와 다시마로 다시를 만들고, 달걀은 완성 전에 넣어 섞어주고, 채 썬 김을 얹어 완성하시오.

2. 수험자 유의사항

1) 만드는 순서에 유의하며, 위생과 숙련된 기능평가를 위하여 조리작업 시 맛을 보지 않습니다.

2) 지정된 수험자지참준비물 이외의 조리기구나 재료를 시험장내에 지참할 수 없습니다.

3) 지급재료는 시험 전 확인하여 이상이 있을 경우 시험위원으로부터 조치를 받고 시험 중에는 재료의 교환 및 추가지급은 하지 않습니다.

4) 요구사항의 규격은 "정도"의 의미를 포함하며, 지급된 재료의 크기에 따라 가감하여 채점합니다.

5) 위생복, 위생모, 앞치마를 착용하여야 하며, 시험장비 · 조리도구 취급 등 안전에 유의합니다.

6) 다음 사항에 대해서는 채점대상에서 제외하니 특히 유의하시기 바랍니다.

　가) 기권 – 수험자 본인이 시험 도중 시험에 대한 포기 의사를 표현하는 경우

　나) 실격 – (1) 독제거 작업과 작업 후 안전처리가 완전하지 않은 경우

　　　　　 (2) 불을 사용하여 만든 조리작품이 타거나 익지 않은 경우

　　　　　 (3) 위생복, 위생모, 앞치마를 착용하지 않은 경우

　　　　　 (4) 가스레인지 화구 2개 이상(2개 포함) 사용한 경우

　　　　　 (5) 시험 중 시설 · 장비(칼, 가스레인지 등) 사용 시 시험위원 및 타수험자의 시험 진행에 위해를 일으킬 것으로 시험위원 전원이 합의하여 판단한 경우

다) 미완성 – 시험시간 내에 과제 세 가지를 제출하지 못한 경우

라) 오작 – 초회를 찜으로 조리하여 완성품을 요구사항과 다르게 만든 경우

7) 항목별 배점은 위생/안전 10점, 복어감별 5점, 조리기술 70점, 작품의 평가 15점입니다.

8) 시험시작 전 가벼운 몸 풀기(스트레칭) 동작으로 긴장을 풀고 시험을 시작합니다.

복어회, 복 껍질초회, 복어죽(河豚刺身, 皮 酢物, 雜炊)

지급재료

복어 1마리(700g정도), 무 100g, 생 표고버섯 1개, 당근 50g, 미나리 30g, 실파 30g, 레몬 1/6개, 진간장 30ml, 건 다시마 2장, 소금 10g, 고춧가루 5g, 식초 30ml, 밥 100g, 김 1/4장, 달걀 1개

복어회
銕刺 てっさ

❶ 복어를 손질한다. 복어 손질방법 참조(지느러미 제거−주둥이 자르기−껍질 분리−협골−아가미와 내장 분리−눈알 떼기−머리 자르기−배꼽살 떼어내기−세장뜨기−남은 식용 가능한 부위 손질하기)

❷ 손질한 복어는 흐르는 물에 담가두고 살 부분은 미리 건져 마른행주로 깨끗이 닦아 수분을 제거하여 감싸놓는다.

❸ 껍질은 겉껍질과 속껍질로 분리하여 붙어 있는 가시를 제거하고 끓는 물에 데쳐 수분을 제거해 놓는다.

❹ 젖은 행주를 준비하여 칼을 닦아가며 복어 살을 얇게 포를 떠서 접시에 돌려가며 가지런히 담는다.(우스츠쿠리)

❺ 준비된 껍질과 미나리를 4∼5cm 길이로 잘라 올리고 옆 지느러미를 나비모양으로 손질하여 함께 장식하여 폰즈, 야꾸미와 함께 곁들여 낸다.

• TIP : 복어의 살은 탄력이 좋아 칼날에 잘 달라붙기 때문에 복어회를 뜰 때에는 젖은 행주로 칼을 닦아가며 사용한다.

복 껍질초회

河豚皮 酢物 ふくかわ すのもの

복 껍질(겉껍질, 속껍질) 1장, 미나리 10g, 통깨 2g, 실파 10g, 무 60g, 고운 고춧가루 2g, 간장 20ml, 식초 20ml, 건다시마 2g, 가다랑어포 10g, 레몬 10g

❶ 복 껍질은 속껍질과 겉껍질을 분리하여 가시가 있는 부분은 도마에 밀착시켜 사시미 칼을 이용하여 가시를 전부 제거해 준다.

❷ 손질된 복 껍질을 끓는 물에 데쳐 식혀둔다.

❸ 다시마와 가쓰오부시를 이용하여 가쓰오 다시를 만든다.

❹ 실파는 송송 썰어 찬물에 헹구고 무도 강판에 갈아 찬물에 헹구고 고춧가루에 버무려 모미지 오로시를 만든다.

❺ 가쓰오다시 1, 간장 1, 식초 1을 섞어 폰즈 소스를 만든다.

❻ 복어 껍질의 물기를 완전히 제거하고 3cm 정도 길이로 채썰고 미나리도 같은 길이로 썰어둔다.

❼ 그릇에 복어 껍질과 미나리, 모미지 오로시, 실파, 통깨를 넣고 폰즈 소스에 무쳐준다.

❽ 접시에 복 껍질초회를 담고 레몬을 올려 완성한다.

복어죽

河豚雑炊ふくぞうすい

❶ 손질된 복어 뼈와 다시마로 육수를 만든다.

❷ 당근과 표고버섯은 잘게 다져 놓는다.

❸ 복어 살을 가늘게 썰어 놓거나 뼈에 붙어있는 살을 발라내 준비해 둔다.

❹ 지급된 밥은 물로 한 번 씻어 준비된 육수와 함께 끓인다.

❺ 밥이 끓어오르면 썰어둔 복어 살과 당근, 표고를 넣고 소금과 간장으로 간을 한다.

❻ 죽이 완성되면 불을 끄고 달걀을 풀어 섞어준다.

❼ 그릇에 죽을 담고 김을 채 썰어 올려 완성한다.

• TIP : 복어회를 뜨다보면 자투리 살이 나오는데 이것을 버리지 말고 모아 두었다 사용하면 좋다.

– 그 밖의 복어요리

복 지리, 복 껍질 굳힘, 복어 양념튀김(河豚 ちり, 煮凍, 唐揚げ)

지급재료

복어 1kg, 배추 150g, 대파 흰부분 4cm, 가쓰오부시 5g, 두부 70g, 무 200g, 생표고버섯1개, 실파 20g, 고운 고춧가루 10g, 레몬 1/4개, 식초 10ml, 진간장 10ml, 건다시마 10g, 청주 50ml, 미나리 30g, 팽이버섯 30g, 맛술 50ml, 당근 80g, 쌀떡 30g, 젤라틴 10g, 시소 1장, 생강 20g

복 지리(河豚ちり鍋 ふぐちり)

1. 복어회를 뜨고 남은 뼈와 살을 깨끗이 손질하여 5cm 길이로 잘라 끓는 물에 데쳐 둔다.

2. 당근은 매화모양, 무는 은행잎 모양으로 만들고, 실파는 송송 썰어서 찬물에 담가 둔다.

3. 끓은 물에 당근, 무, 배추를 데쳐서 찬물에 담가 둔다.

4. 데친 배추는 김발로 말아두고 무는 강판에 갈아서 고운 고춧가루에 무쳐 모미지오로시를 만들고 다시마육수와 간장, 식초로 폰즈를 만들어 둔다.

5. 생 표고버섯은 별모양을 내고, 두부는 2~3 토막을 낸다. 대파는 어슷 썰어 준비한다.

6. 복 떡은 석쇠에 노릇하게 굽는다.

7. 냄비에 재료를 보기 좋게 담고 다시마육수를 부어 끓이다 미나리와 팽이를 올려 완성한 후 뽄즈와 야꾸미를 곁들여 낸다.

복 껍질 굳힘(河豚皮 煮凍 ふくかわ にこごり)

1. 다시마와 가쓰오부시를 이용하여 가쓰오다시를 만든다.

2. 복 껍질은 3cm정도 길이로 채 썬다.

3. 젤라틴은 찬물에 불려두고 실파는 송송 썰고 생강은 얇게 저며 채 썰어 둔다.

4. 가쓰오다시 1컵에 채 썬 복 껍질을 넣고 끓이다 간장, 청주, 맛술, 소금으로 간을 하여 약한 불에 조금 더 끓여준다.

5. 불을 끄고 생강, 실파, 젤라틴을 넣어 잘 저은 다음 굳힘 틀에 부어 식혀준다.

6. 굳어지면 틀에서 꺼내어 사각으로 잘라 접시에 시고를 깔고 담아낸다.

복어 양념튀김(河豚 唐揚げ ふぐ からあげ)

복어 살 150g, 달걀 1개, 청주 30㎖, 간장 5㎖, 마늘 1개, 파슬리 10g, 전분 30g, 밀가루 30g, 생강 20g, 식용유, 레몬 1/8개, 참깨, 소금, 후춧가루, 튀김종이

1. 복어의 살을 한입 크기로 잘라 다진 마늘, 생강 즙 조금, 청주, 간장, 소금, 후추로 간을 하여 재워 둔다.

2. 위의 재료에 달걀노른자와 실파, 전분, 밀가루, 통깨를 넣어 반죽을 한다.

3. 165~170℃ 정도의 기름에 재료를 바삭하게 튀겨 낸다.

4. 접시에 튀김종이를 깔고 튀김을 담은 다음 레몬을 장식하여 담아낸다.

일식조리용어

Japanese Dishes

あ-a

일본명	한자명	한글명
あいなめ(아이나메)	鮎竝(점병)	쥐놀래미
あえもの(아에모노)	和物(화물)	무침요리
あおしそ(아오시소)	靑紫蘇(청자소)	차조기
あおとうがらし(아오토우가라시)	靑唐辛子(청당신자)	풋고추
あおのリ(아오노리)	靑海苔(청해태)	파래
あおみ(아오미)	靑味(청미)	완성 요리 위에 곁들이는 녹색 채소
あおやぎ(아오야기)	靑柳(청류)	개량조개
あかおろし(아카오로시)	赤脚(적각)	빨간 무즙
あかがい(아카가이)	赤貝(적패)	피조개
あかだし(아카다시)	赤味噌(적미쟁)	붉은 된장
あかみ(아카미)	赤身(적신)	참치의 붉은 살
あがリ(아가리)	上(상)	녹차를 따라 놓은 잔으로 녹차를 지칭
あげだしとうふ(아게다시도우후)	揚出豆腐(양출두부)	연두부튀김
あげもの(아게모노)	揚物(양물)	튀김요리
あさげ(아사게)	朝食(조식)	아침식사
あさつき(아사츠키)	淺蔥(천총)	실파. 잔파
あさのみ(아사노미)	麻の實(마실)	대마의 씨. 삼씨
あさリ(아사리)	淺(천)	모시조개
あじ(아지)	味(미)	맛
あじ(아지)	鯵(삼)	전갱이
あじつけ(아지츠케)	味付(미부)	조미
あしらい(아시라이)		곁들임
あつき(아즈키)	小豆(소두)	팥
あだリごま(아다리고마)	當胡麻(당호마)	참깨를 갈아서 만든 반가공식품
アチャラづけ(아차라츠게)	阿茶羅漬(아차나지)	초절임방법 중의 하나
あてしお(아테시오)	當鹽(당염)	재료에 뿌리는 소금 또는 뿌리는 행위
あなご(아나고)	穴子(혈자)	붕장어
あぶら(아부라)	油(유)	기름
あぶらあげ(아부라아게)	油揚(유양)	유부. 기름에 튀긴 두부
あぶらきリ(아부라키리)	油切(유절)	튀김 후 기름이 빠질 수 있게 한 기구
あぶらな(아부라나)	油菜(유채)	유채
あぶらぬき(아부라누키)	油拔(유발)	튀긴 음식을 끓는 물에 담가 기름을 빼는 것
あまいのも(아마이모노)	甘物(감물)	단맛이 나는 음식
あまえび(아마에비)	甘海老(감해로)	단새우
あまざけ(아마자케)	甘酒(감주)	단술
あまず(아마즈)	甘酢(감초)	단식초
あまだい(아마다이)	甘鯛(감조)	옥돔
あみやき(아미야키)	網燒(망소)	석쇠구이

あめ(아메)	飴(이)	물엿. 조청
あゆ(아유)	鮎(점)	은어
あら(아라)	粗(조)	생선을 손질하고 남은 자투리
あらい(아라이)	洗(세)	씻다
あられ(아라레)	霰(산)	쌀떡을 잘게 잘라 말려 놓는 것
あられがゆ(아라레가유)	霰粥(산죽)	어죽
あられぎり(아라레기리)	霰切(산절)	작은 육면체의 모양으로 썰기
あわ(아와)	粟(속)	좁쌀
あわせず(아와세즈)	合酢(합초)	초가 들어간 소스
あわだてき(아와다테키)	泡立器(포립기)	거품기
あわび(아와비)	鮑(포)	전복
あん(앙)	餡(함)	물에 푼 녹말
あんかけ(앙카케)	餡掛(함괘)	앙을 풀어 점성이 있도록 농도를 첨가한 요리
あんこう(안코우)	鮟鱇(안강)	아귀
あんちょび(안쵸비)		멸치를 염장한 식품
あいだこ(아이다코)	飯蛸(반소)	낙지

い-e

일본명	한자명	한글명
いか(이카)	烏賊(오적)	오징어
いがい(이가이)	貽貝(이패)	홍합
あかなご(이카나고)	玉筋漁(옥근어)	까나리
いくら(이쿠라)		연어알
いけじめ(이케지메)	生締. 活締(생체. 활체)	활어를 머리에 꼬챙이를 찔러 피를 빼는 행위
いけずくり(이케즈쿠리)	生造(생조)	활어생선회
いざかや(이자카야)	居酒屋(거주옥)	선술집
いさき(이사키)	伊佐木(이좌목)	벤자리
いさば(이사바)	五十集(오십집)	어시장
いしがれい(이시가레이)	石鰈(석접)	돌가자미
いっだい(이시다이)	石鯛(석조)	돌돔
いしなぎ(이시나기)	石投(석투)	돗돔
いしなべ(이시나베)	石鍋(석과)	돌냄비
いしもち(이시모치)	石持(석지)	조기
いしやぎ(이시야끼)	石燒(석소)	돌구이
いせえび(이세애비)	伊勢海老(이세해로)	닭새우
いだ(이타)	板(판)	도마
いだまえ(이타마에)	板前(판전)	조리장
いだめもの(이타메모노)	炒物(초물)	볶음요리
いちご(이치고)	苺(매)	딸기

일본명	한자명	한글명
いちじく(이치지쿠)	無花果(무화과)	무화과열매
いちばんだし(이치반다시)	一番出汁(일번출즙)	일번다시
いちみ(이치미)	一味(일미)	고춧가루
いちもんち(이치몬치)	一文字(일문자)	뒤집개
いちょいも(이쵸이모)	銀杏薯(은행서)	은행마
いちょぎり(이쵸기리)	銀杏切(은행절)	은행잎썰기
いっぽんりょうリ(잇뻰료리)	一品料理(일품요리)	일품요리
いとがき(이토가키)	絲搔(사소)	가는 가쓰오부시
いとごんやんやく(이토곤냐쿠)	絲蒟蒻(사구약)	실곤약
いとずぐり(이토즈쿠리)	絲造(사조)	가늘게 썰기
いな(이나)	鯔(치)	숭어의 새끼(모쟁이)
いなりずし(이나리즈시)	稻荷鮨(도하지)	유부초밥
いのししにく(이노시시니쿠)	猪肉(저육)	멧돼지고기
いぼだい(이보다이)	疣鯛(우조)	샛돔
いリこ(이리코)	炒子(초자)	마른 멸치
いリこ(이리코)	煎海鼠(전해서)	건해삼
いリだまご(이리다마고)	煎卵(전란)	볶은 계란
いるが(이루가)	海豚(해돈)	돌고래
いわし(이와시)	鰯(약)	정어리
いわしぶし(이와시부시)	鰯節(약절)	정어리부시
いわだげ(이와다게)	石茸(석용)	석이버섯
いわな(이와나)	岩漁(암어)	곤들매기
いんげんまめ(인겐마메)	隱元豆(은원두)	강낭콩
いんしょぐでん(인쇼쿠텡)	飮食店(음식점)	식당

う -u

일본명	한자명	한글명
うおすぎ(우오스키)	漁鋤(어서)	생선 스키야키
うぐい(우구이)	石斑漁(석반어)	황어
うさぎにぐ(우사기니쿠)	兎肉(토육)	토끼고기
うしにぐ(우시니쿠)	牛肉(우육)	쇠고기
うすいだ(우스이타)	薄板(박판)	나무를 종이처럼 얇게 깎아놓은 것
うすずぐり(우스즈쿠리)	薄造(박조)	얇게 썬 생선회
うすばほうちょう(우스바보쵸)	薄刀包丁(박도포정)	야채 전용 칼
うずら(우즈라)	鶉(순)	메추라기
うちわえび(우치와애비)	團扇海老(단선해로)	부채새우
うつぼ(우츠보)	鱓(선)	곰치
うど(우도)	獨活(독활)	땅두릅
うなぎ(우나기)	鰻(만)	민물장어. 뱀장어
うに(우니)	雲丹(운단)	성게알

うにぐらげ(우니구라게)	雲丹水母(운단수모)	성게알을 무친 해파리요리
うねりぐし(우네리구시)	畝串(무관)	생선을 살아 있는 형태로 꼬치에 꿰는 것
うのはな(우노하나)	卯の花(묘화)	콩비지
うばがい(우바가이)	姥貝(모패)	함박조개, 북방조개
うまに(우마니)	旨煮(지자)	간장, 설탕, 미림을 넣고 달게 바짝 조린 것
うまみ(우마미)	旨味(지미)	감칠 맛
うめ(우메)	梅(매)	매화
うめぼし(우메보시)	梅干(매간)	매실장아찌
うらごし(우라고시)	裏鹿(리록)	체에 걸러내는 작업
うるちまい(우루치마이)	粳米(갱미)	멥쌀
うるめいわし(우루메이와시)	潤目鰯(윤목약)	눈퉁멸
うろこ(우로코)	鱗(린)	비늘

え - e

일본명	한자명	한글명
えい(에이)	鱏(심)	가오리
えいせ(에이세)	衛生(위생)	위생
えいよう(에이요)	營養(영양)	영양
えごま(에고마)	荏胡麻(임호마)	들깨
えだまめ(에다마메)	技豆(기두)	풋콩
えのきだけ(에노키다게)	榎茸(가용)	팽이버섯
えび(에비)	海老(해노)	새우
えら(에라)	鰓(새)	아가미
えんがわ(엔가와)	縁側(연측)	광어 지느러미살
えんどう(엔도우)	豌豆(완두)	완두
えんぺら(엔페라)		오징어 지느러미살

お - o

일본명	한자명	한글명
おいかわ(오이카와)	追河(추하)	피라미
おうと(오우토)	櫻桃(앵도)	버찌, 벚나무 열매
おおさかずし(오오사카즈시)	大阪鮨(대판지)	오사카를 중심으로 발달한 관서 초밥
おおむぎ(오오무기)	大麥(대맥)	보리
おかず(오카즈)	御數(어수)	반찬, 부식물
おから(오카라)	御殻(어각)	콩비지
おきつだい(오키츠다이)	興津鯛(흥진조)	건옥돔
おきなます(오키나마스)	沖膾(충회)	고기를 낚아 배에서 바로 먹는 회
おきなわりょうり(오키나와료리)	沖繩料理(충승료리)	오키나와요리
オクラ(오쿠라)		오크라
おくら(오쿠라)	小倉(소창)	팥을 이용한 음식물, 과자

일본명	한자명	한글명
おこし(오코시)	興し(흥)	찹쌀을 쪄서 말려 재료를 물엿으로 굳힌 것
おこぜ(오코제)	虎漁(호어)	쑤기미
おこのみやき(오코노미야키)	お好み燒(호소)	일본식 빈대떡
おしずし(오시즈시)	押し鮨(압지)	틀에 넣어 눌러 썬 초밥
おしたじ(오시타지)	御下地(어하지)	간장
おせちりょうリ(오세치료리)	御節料理(어절료리)	정월. 명절요리
おちゃずけ(오챠즈케)	御茶漬げ(어다지)	차를 우러서 밥에 부어 먹는 것
おでん(오뎅)	御田(어전)	무, 계란, 어묵 등을 넣고 끓여낸 냄비요리
おにぎリ(오니기리)	御握リ(어악)	주먹밥
おにすだれ(오니스다레)	鬼簾(귀렴)	굵은 삼각형의 나무로 엮어진 나무대발
おひたし(오히타시)	御浸し(어침)	야채를 물에 데쳐서 간장으로 간을 한 요리
おひつ(오히츠)	御櫃(어귀)	나무로 만든 밥통
おぼろ(오보로)	朧(롱)	김초밥에 쓰는 생선가루
オマール(오마-루)	伊勢海老(이세해노)	바닷가재
おもゆ(오모유)	重湯(중탕)	미음
おやこどんぶリ(오야코돈부리)	親子丼(친자정)	닭고기덮밥
おやつ(오야츠)	御八つ(어팔)	간식
おろし(오로시)	卸し(사)	무즙
おろしがね(오로시가네)	下金(하금)	강판
おろしに(오로시니)	卸煮(사자)	무즙을 국물에 넣어 졸이는 조림요리
おろす(오로스)	下す(하)	생선을 포 뜨는 것
おんどたまご(온도타마고)	溫度卵(온도란)	온천계란(반숙)

か-ka

일본명	한자명	한글명
かいせきりょうリ(카이세키료리)	懷石料理(회석요리)	차를 마시기 위해 제공하는 간단한 요리
かいせきりょうリ(카이세키료리)	會席料理(회석요리)	연회나 모임을 위한 연회용 요리
かいそ(카이소)	海藻(해조)	해초
かいと(카이토)	解凍(해동)	해동
かいばしら(카이바시라)	貝柱(패주)	조개관자
かいわリ(카이와리)	貝害(패해)	조개를 손질할 때 사용하는 기구
かいわれ(카이와레)	貝害(패해)	떡잎. 무순
かえる(카에루)	蛙(와)	개구리
がおリ(가오리)	香(향)	향기. 향
かき(카키)	柿(시)	감. 감나무
かき(카키)	牡蠣(모려)	굴
かきあげ(카키아게)	搔揚げ(소양)	잘게 썬 여러 가지 야채들을 튀긴 요리
かきなべ(카키나베)	牡蠣鍋(모려과)	굴냄비
かくざと(카쿠자토)	角砂糖(각사당)	각설탕
がぐずくリ(가구즈쿠리)	角作(각작)	사각 주사위 모양으로 썬 생선회

かくに(카쿠니)	角煮(각자)	사각으로 잘라 달게 조린 요리
かけ(카케)	掛(괘)	국물만 넣어 뜨겁게 끓인 요리
かご(카고)	籠(롱)	대나무로 만든 바구니
かさご(카사고)	笠子(립자)	쏨뱅이
がざみ(가사미)	蝤蛑(유모)	꽃게
かさりぎり(카자리기리)	飾切(식절)	장식 썰기
かし(카시)	菓子(과자)	과자
かじき(카지키)	梶木(미목)	청새치
かじつしゅ(카지츠슈)	果實酒(과실주)	과실주
かじつす(카지츠스)	果實酢(과실초)	과실초
かしるい(카시루이)	果實類(과실류)	과실류
かじゅう(카쥬우)	果汁(과즙)	과즙
かじつるい(카지츠루이)	菓子類(과자류)	과자류
かすごだい(카스고다이)		참돔의 치어
かずのご(카즈노코)	數の子(수자)	청어알
かたくちいわし(카타쿠치이와시)	片口鰯(편구약)	멸치
かだくりこ(카다쿠리코)	片栗粉(편율분)	갈분
かつお(가츠오)	鰹(견)	가다랑어
かつおのたたき(카츠오타타키)	鰹叩(견고)	야키시모하여 만든 가다랑어회
かつおぶし(가쓰오부시)	鰹節(견절)	가다랑어포
かっこん(캇콩)	葛根(갈근)	칡전분
かっぱ(캇파)	河童(하동)	초밥집에 사용되는 오이를 지칭
かっぺん(캇펭)	葛褐(갈변)	갈변
かつらむき(카츠라무키)	桂薄(계박)	돌려 깎기
かなかしら(카나가시라)	金頭(금두)	달강어
かなぐし(카나구시)	金串(금관)	쇠로 만든 꼬챙이
かに(카니)	蟹(해)	게
がぬばお(가누바오)	干鮑(간포)	말린 전복
がぬべい(가누베이)	干貝(간패)	말린 패주
かばやき(카바야키)	浦燒き(포소)	데리를 발라 구운 장어구이
かぶ(카부)	蕪(무)	순무
かぶと(카부토)	兜(두)	생선의 머리가 마치 투구와 같은 모양
かぼじゃ(카보챠)	南瓜(남과)	호박
かま(카마)	釜(부)	솥. 가마
かま(카마)	鎌(겸)	아가미 아래 지느러미가 붙어 있는 부위의 살
かます(카마스)	梭子(사자)	꼬치고기
かまぼこ(카마보코)	浦鉾(포모)	생선묵. 어묵
かみかたりょうり(카미카타료리)	上方料理(상방요리)	관서요리
かみしお(카미시오)	紙塩(지염)	간접적으로 소금이 스며들도록 하는 방법
かみなべ(카미나베)	紙鍋(지과)	종이냄비

かめ(카메)	龜(귀)	거북
かやく(카야쿠)	加樂(가약)	요리에 부재료나 양념을 첨가하는 것
かやくうどん(카야쿠우동)	加藥うどん(가약)	어묵, 버섯 등의 재료를 넣어 만든 우동
かやくめし(카야쿠메시)	加藥飯(가약반)	각종 야채와 닭고기 등을 넣어 지은 밥
かやのみ(카야노미)	榧實(비실)	비자나무열매
かゆ(카유)	粥(죽)	죽
からあげ(카라아게)	唐揚(당양)	재료에 전문이나 밀가루를 직접 묻혀 튀기는 방식
からいも(카라이모)	唐藷(당저)	고구마
からし(카라시)	芥子(개자)	겨자
からしあげ(카라시아게)	芥子揚(개자양)	튀김옷에 겨자를 풀어 튀긴 요리
からしず(카라시즈)	芥子酢(개자초)	겨자 갠 것을 풀어 넣은 식초소스
からしずけ(카라시즈게)	芥子漬(개자지)	겨자절임
からしな(카라시나)	芥子菜(개자채)	갓. 겨자채
からす(카라스)	鳥河豚(조하돈)	참복
からすみ(카라스미)	鱲子(치자)	어란. 숭어의 난소를 염장하여 건조시킨 것
がリ(가리)	酢生姜(초생강)	초생강
かりん(카린)	花梨(화리)	모과
かれい(카레이)	鰈(접)	가자미
かわうお(카와우오)	川漁(천어)	담수어. 하천어
かわえび(카와에비)	川海老(천애노)	민물새우. 토하
かわしも(카와시모)	皮霜(피상)	뜨거운 물을 뿌려 껍질만 살짝 데친 것
かわはぎ(카와하기)	皮剝(피박)	쥐치
かわりあげ(카와리아게)	變揚(변양)	특색 있는 모양이 나도록 튀겨낸 튀김
がん(간)	雁(안)	기러기
かんきつるい(칸키츠루이)	柑橘類(감귤류)	감귤류
かんぎリ(칸기리)	缶切リ(부절)	통조림을 따는 기구
かんしょ(칸쇼)	甘藷(감저)	고구마
かんそ(칸소)	乾燥(간장)	건조
かんぞ(칸조)	肝臟(간장)	동물의 간. 키모(肝)
かんずめ(칸즈메)	缶詰(부힐)	통조림
かんてん(칸텐)	寒天(한천)	한천
かんぱち(칸파치)	間八(간팔)	잿방어
かんぴょう(칸표)	乾瓢(건표)	박고지
かんぶつ(칸부츠)	乾物(건물)	건조식품
かんみりょ(칸미료)	甘味料(감미료)	감미료
かんらん(칸란)	甘藍(감람)	양배추
かんろに(칸로니)	甘露煮(감로자)	단맛이 나도록 조린 요리

き -ki

일본명	한자명	한글명
きく(키쿠)	菊(국)	국화
きくずぐり(키쿠즈구리)	菊作(국작)	생선회를 얇게 국화모양으로 만드는 것
きくな(키쿠나)	菊菜(국채)	쑥갓. 슌기쿠(旬菊)
きくらげ(키쿠라게)	木耳(목이)	목이버섯
きじ(키지)	雉子(치자)	꿩
きす(키스)	鱚(희)	보리멸
きだい(키다이)	黄鯛(황조)	황돔
きっか(킷카)	菊花(국화)	국화
きつね(키츠네)	狐(호)	유부를 넣어 조리한 요리
きのこ(키노코)	茸(용)	버섯
きのめ(키노메)	木の芽(목아)	산초의 어린잎
きはだ(키하다)	黄肌(황기)	황다랑어
きびなご(키비나고)	黍漁子(서어자)	샛줄멸
きみ(키미)	黄身(황신)	계란 노른자
キムチ(키무치)		김치
きも(키모)	肝(간)	동물의 간
キャベツ(캬베츠)		양배추
ぎゅどん(규돈)	牛丼(우정)	쇠고기덮밥=니쿠돈, 규메시(牛飯)
ぎゅなべ(규나베)	牛鍋(우과)	쇠고기냄비. 스키야키(鋤燒)
ぎゅうにゅう(규니쿠)	牛肉(우육)	쇠고기
きゅり(큐리)	胡瓜(호과)	오이
きょな(쿄나)	京菜(경채)	교나
きょりきこ(쿄리키코)	強力粉(강력분)	글루텐의 함량이 높아 제빵에 적합한 밀가루
ギョーザ(교자)	餃子(교자)	만두
ぎょかいるい(교카이루이)	魚介類(어개류)	어패류(魚貝類)
ぎょく(교쿠)	玉(옥)	다시마키의 초밥집의 은어
ぎょでん(교뎅)	魚田(어전)	생선에 된장을 발라 구운 요리
ぎょにく(교니쿠)	魚肉(어육)	생선의 살코기
ぎょほう(교호)	巨峰(거봉)	거봉
きらず(키라즈)	雪花菜(설화채)	조리에 쓰는 비지. 오카라(オカラ)
きる(키루)	切る(절)	조리하기 위해 재료를 칼로 써는 방법
ぎんがみやき(깅가미야키)	銀紙燒(은지소)	은박지에 싸서 굽는 요리
きんかん(킹캉)	金橘(금귤)	금귤
きんし(킨시)	錦絲(금사)	비단실장식
ぎんだら(긴다라)	銀雪(은설)	은대구

일본명	한자명	한글명
きんとん(킨통)	金団(금단)	고구마를 으깬 후 설탕을 섞어서 소로 만든 것에 달게 조린 밤이나 강낭콩을 섞은 음식
ぎんなん(긴낭)	銀杏(은행)	은행
きんぴらごぼ(킨피라고보)	金平牛蒡(금평우방)	우엉조림
ぎんぽ(긴포)	銀寶(은보)	베도라치
きんめだい(킨메다이)	金眼鯛(금안조)	금눈돔

く -ku

일본명	한자명	한글명
くえ(쿠에)	九繪(구회)	구문쟁이. 자바리
くえんさん(쿠엔산)	拘櫞酸(구연산)	구연산
くこ(쿠코)	拘杞(구기)	구기자나무
くこちゃ(쿠코챠)	拘杞茶(구기다)	구기자차
くさうお(쿠사우오)	草魚(초어)	곰치
くさもち(쿠사모치)	草餅(초병)	쑥떡. 요모기모치(蓬餅)
くしあげ(쿠시아게)	串揚(관양)	꼬치튀김
くしやき(쿠시야키)	串燒(관소)	꼬치구이
くじら(쿠지라)	鯨(경)	고래
くず(쿠즈)	葛(갈)	칡
くずあん(쿠즈앙)	葛餡(갈함)	물에 갠 칡전분
くずこ(쿠즈코)	葛粉(갈분)	칡전분
くだもの(쿠다모노)	果物(과물)	과일. 카지츠루이(果實類)
くちがわり(쿠치가와리)	口代(구대)	구치도리(口取)용 술안주요리
くちどり(쿠치도리)	口取(구취)	입가심
くちなし(쿠치나시)	梔子(치자)	치자나무
くらげ(쿠라게)	水母. 海月(수모. 해월)	해파리
くり(쿠리)	栗(률)	밤
くりぎんとん(쿠리긴톤)	栗金団(률금단)	고구마를 으깨어 밤 열매 모양으로 만든 것
くりめし(쿠리메시)	栗飯(률반)	밤밥
グルテン(구루텐)		글루텐
くるまえび(쿠루마애비)	車海老(차해노)	차새우
くるみ(쿠루미)	胡挑(호도)	호두
くろざと(쿠로자토)	黑沙糖(흑사탕)	흑설탕
くろそい(쿠로소이)	黑曹以(흑조이)	조피볼락. 우럭
くろだい(쿠로다이)	黑鯛(흑조)	감성돔
くろまぐろ(쿠로마구로)	黑鮪(흑유)	마구로. 참치
くろまめ(쿠로마메)	黑豆(흑두)	검은콩

け-ke

일본명	한자명	한글명
けいらん(케이란)	鷄卵(계란)	계란
けがに(케가니)	毛蟹(모해)	털게
けしず(케시즈)	芥子酢(개자초)	겨자와 혼합초를 섞은 것
けしのみ(케시노미)	芥子の實(개자실)	겨자의 씨
けしうじお(케쇼지오)	化粧塩(화장염)	소금구이 중 지느러미가 타지 않게 소금을 두껍게 묻혀주는 것
けしょうでり(케쇼데리)	化粧照(화장조)	생선구이를 할 때 윤기 나게 양념을 발라 주는 것
けずりぶし(케즈리부시)	削り節(삭절)	다시를 만들기 용이하도록 얇게 깎아 놓은 것
げそ(게소)	不足(부족)	삶은 오징어다리
けっけいじゅ(켓케이쥬)	月桂樹(월계수)	월계수
げん(겡)	權(권)	무, 당근, 오이 등의 채
けんちん(켄칭)	卷織(권섬)	야채를 가늘게 썰어 으깬 두부와 함께 요리한 것
けんまい(켄마이)	玄米(현미)	현미

こ-ko

일본명	한자명	한글명
こい(코이)	鯉(리)	잉어
こいくちしょゆ(코이쿠치쇼유)	農口醬油(농구장유)	진간장
こういか(코우이카)	甲烏賊(갑오적)	갑오징어
こうじ(코우지)	麴(국)	누룩
こしにく(코시니쿠)	子牛肉(자우육)	송아지고기
こしんりょう(코신료우)	香辛料(향신료)	향신료
こそ(코소)	酵素(효소)	효소
こちゃ(코챠)	紅茶(홍차)	홍차
こうのもの(코노모노)	香物(향물)	일본김치
こうべうし(코베우시)	神戸牛(신호우)	고베니쿠. 고베에서 생산한 양질의 소고기
こぼ(코보)	酵母(효모)	효모
こやとうぶ(코야도후)	高野豆腐(고야두부)	두부를 얼려 말린 것으로 물에 불려서 사용
こうらがえし(코우라가에시)	甲羅返(갑라반)	게 껍질을 초절임해 각종 요리에 응용하는 것
こしょう(코쇼)	胡椒(후추)	후추
こち(코치)	鯒(통)	양태
こなわさび(코나와사비)	粉山葵(분산규)	가루 와사비
このこ(코노코)	海鼠子(해서자)	해삼의 난소를 건조시킨 식품

일본명	한자명	한글명
このしろ(코노시로)	鰶(용)	전어
このわだ(코노와다)	海鼠腸(해서장)	해삼 창자젓
こばち(코바치)	小鉢(소발)	초회나 무침 요리 등을 담는 작은 그릇
こひつじにく(코히츠지니쿠)	子羊肉(자양육)	양고기
こぶ(코부)	昆布(곤포)	다시마
こぶじめ(코부지메)	昆布締(곤포체)	생선을 다시마에 감싸 숙성시켜 사용하는 것
こぶだし(코부다시)	昆布出汁(곤포출즙)	다시마 육수
こぶまき(코부마키)	昆布巻(권포권)	청어, 장어 등을 다시마로 말아 조린 것
ごぼ(고보)	牛蒡(우방)	우엉
ごま(고마)	胡麻(호마)	참깨
ごまあぶら(고마아부라)	胡麻油(호마유)	참기름
ごまいおろし(고마이오로시)	五枚卸(오매사)	다섯장뜨기
ごまどふ(고마도후)	胡麻豆腐(호마두부)	참깨두부
ごむぎ(고무기)	小麥(소맥)	밀
ごむぎこ(고무기코)	小麥粉(소맥분)	밀가루
ごむべら(고무베라)	護謨(호모)	조리용 고무주걱
ごめ(고메)	米(미)	쌀
ごめこ(고메고)	米粉(미분)	쌀가루
ごめこじ(고메고지)	米麹(미국)	쌀누룩
ごめみそ(고메미소)	米味噌(미미쟁)	쌀누룩을 원료로 해서 만든 된장
ごもくずし(고모쿠즈시)	五目鮨(오목지)	비빔초밥＝마제스시
ごもち(고모치)	子持(자지)	생선 알을 붙여 놓은 미역이나 다시마
ごり(고리)	鰍(추)	둑중개의 방언
ころも(코로모)	衣(의)	튀김옷
ころもあげ(코로모아게)	依揚げ(의양)	튀김옷을 입혀 만든 튀김요리
ごんずい(곤즈이)	權瑞(권서)	쏠종개
こんだで(콘다데)	獻立(헌립)	메뉴
ごんにゃく(곤냐쿠)	蒟蒻(곤약)	곤약
こんぶ(콘부)	昆布(곤포)	다시마
こんぶずし(콘부즈시)	昆布鮨(곤포지)	다시마로 만든 초밥

さ -sa

일본명	한자명	한글명
さいきょみそ(사이교미소)	西京味噌(서경미쟁)	쌀을 원료로 만든 흰 된장
さいきょやき(사이교야키)	西京燒き(서경소)	생선을 양념한 된장에 절여 굽는 생선구이
さいくかまぼこ(사이쿠가마보코)	細工蒲鉾(세공포모)	어묵을 세공하여 잘라 모양을 낸 것
さいくずし(사이쿠즈시)	細工鮨(세공지)	여러 가지 재료를 사용하여 만든 초밥
さいくたまご(사이쿠타마고)	細工卵(세공란)	삶은 계란을 모양내어 잘라낸 것
さいくずぐり(사이쿠즈쿠리)	細工造(세공조)	생선회를 꽃이나 잎사귀 모양으로 만드는 것

일본명	한자명	한글명
さいしん(사이싱)	菜心(채심)	유채줄기
さいせしゅ(사이세슈)	再製酒(재제주)	발효주에 색소, 향료 등을 넣어 제조한 술
さいのめぎり(사이노메기리)	賽の目切り(새목절)	1cm 정도의 주사위 모양으로 써는 방법
さいばし(사이바시)	菜箸(채저)	조리용 젓가락
さかしお(사카시오)	酒塩(주염)	조리용 술
さんばいず(산바이즈)	三杯酢(삼배초)	식초와 설탕 등을 넣고 만든 혼합초
さんま(산마)	秋刀魚(추도어)	꽁치
さんまいおろし(산마이오로시)	三枚卸(삼매사)	세장뜨기
さんまいにく(산마이니쿠)	三枚肉(삼매육)	삼겹살

し -si

일본명	한자명	한글명
しざかな(시자카나)	强肴(강효)	술안주요리
したげ(시타케)	推茸(추용)	표고버섯
しいら(시이라)	鱰(서)	만새기
しお(시오)	塩(염)	소금
しおこんぶ(시오콘부)	鹽昆布(염곤포)	다시마를 조미액에 담가 건조시킨 것
しおざけ(시오자케)	塩鮭(염해)	연어의 염장품
しおじめ(시오지메)	塩じめ(염)	삼투압에 의한 탈수로 살이 단단해지게 하는 것
しおずけ(시오즈케)	塩漬(염지)	야채절임을 만들기 위한 것과 저장용으로 구분
しおぼし(시오보시)	塩干(염간)	어패류를 소금에 절여 건조시켜 염건품을 만드는 것
しおやき(시오야키)	塩焼き(염소)	소금구이
じがみぎり(지가미기리)	地紙切(지지절)	야채를 부채모양으로 써는 것
しぎ(시기)	鴨(압)	도요새
しこみ(시코미)	仕込(사입)	조리를 하기 위한 모든 전 처리 및 준비작업
しじみ(시지미)	蜆(현)	가막조개
ししゃも(시샤모)	柳葉魚(유엽어)	열빙어
ししょく(시쇼쿠)	試食(시식)	음식의 맛, 품질의 평가를 위해 미리 맛을 보는 것
しそ(시소)	紫蘇(자소)	차조기
したあじ(시타아지)	下味(하미)	조리 전 생재료에 미리 양념해 놓는 것
したびらめ(시타비라메)	舌平目(설평목)	혀가자미
しちみとうがらし(시치미토우가라시)	七味唐辛子(칠미당신자)	일곱 가지 재료를 섞어 만든 것
しちめんちょ(시치멘쵸)	七面鳥(칠면조)	칠면조
しっぽくりょうり(싯포쿠료리)	卓袱料理(탁복요리)	일본화된 중국식 요리
しばえび(시마에비)	芝鰕(지하)	중하
しぶみ(시부미)	渋味(삽미)	떫은맛

しまだい(시마다이)	縞鯛(호조)	돌돔=이시다이
しめさば(시메사바)	締鯖(체청)	오로시한 고등어를 절여 식초에 담가 놓는 것
しもふリ(시모후리)	霜降(상강)	재료를 데쳐 재빨리 냉수에 담가 씻는 것
しもふリにく(시모후리니쿠)	霜降肉(상강육)	마블링(marbling)이 좋은 고기
じゃがいも(쟈가이모)	馬鈴薯(마령서)	감자
じゃがごれんこん(쟈가고렌콘)	蛇籠蓮根(사롱연근)	연근을 돌려 깎기 한 것
しゃくし(샤쿠시)	杓子(표자)	주걱
しゃこ(샤코)	蝦鮎(하점)	갯가재
じゃのめ(쟈노메)	蛇の目(사목)	오이씨 빼는 도구
じゃばら(쟈바라)	蛇腹(사복)	빗살무늬 썰기
しゃぶしゃぶ(샤부샤부)		샤브샤브
しゃリ(샤리)	舍利(사리)	초밥에 사용되는 밥
じゅばこ(쥬바코)	重箱(중상)	찬합
しゅとう(슈토우)	酒盗(주도)	젓갈을 말하며 주로 참치젓갈을 뜻한다.
しゅん(슌)	旬(순)	식재료의 맛이 가장 좋은 시기 또는 계절
じゅんぎく(슌기쿠)	春菊(춘국)	쑥갓
じゅんさい(쥰사이)	蓴菜(순채)	순채
しょが(쇼가)	生薑(생강)	생강
しょがつりょうリ(쇼가츠료리)	正月料理(정월요리)	정초에 먹는 요리
じょうご(쥬고)	漏斗(루두)	깔때기
しょじんりょうリ(쇼진료리)	精進料理(정진요리)	일본 사찰요리
しょゆ(쇼유)	醬油(장유)	간장
しょくえん(쇼쿠엔)	食塩(식염)	식염. 소금
しょくち(쇼쿠치)	食事(식사)	식사
しょくじりょほ(쇼쿠지료호)	食事療法(식사요법)	식이요법
しょくだく(쇼쿠다쿠)	食卓(식탁)	식탁
しょくちゅどく(쇼쿠츄도쿠)	食中毒(식중독)	식중독
しょくにく(쇼쿠니쿠)	食肉(식육)	육고기
しょくひんえいせい(쇼쿠힝에이세이)	食品衛生(식품위생)	식품위생
しょくべに(쇼쿠베니)	食紅(식홍)	식용색소
しらあえ(시라아에)	白和(백화)	두부를 체에 내려 하얗게 무친 요리
しらうお(시라우오)	白魚(백어)	뱅어
しらかゆ(시라카유)	白粥(백죽)	흰죽
しらこ(시라코)	白子(백자)	생선의 정소
しらすぼし(시라스보시)	白子干(백자간)	마른 멸치
しらたき(시라타키)	白瀧(백농)	실곤약=이토곤냐쿠
しらに(시라니)	白煮(백자)	오징어 등의 흰색을 그대로 살려낸 조림요리
しらやき(시라야키)	白燒(백소)	하얗게 굽는 방식으로 주로 소금구이를 말함
しる(시루)	汁(즙)	국 또는 국물이 있는 음식
しるこ(시루코)	汁粉(즙분)	단팥죽

일본명	한자명	한글명
しるもの(시루모노)	汁物(즙물)	국물요리
しるうお(시로우오)	素魚(소어)	뱅어
しろしょゆ(시로쇼유)	白醬油(백장유)	밀가루를 주원료로 하여 만들어낸 간장
しろず(시로즈)	白酢(백초)	쌀로 만든 식초
しろみ(시로미)	白身(백신)	흰 살생선
しろみそ(시로미소)	白味噌(백미쟁)	흰콩과 쌀로 쑨 메주로 담근 간장
じんぎすかんなべ(징기스칸나베)	成吉思汗鍋(성길사한과)	징키스칸의 투구처럼 생긴 철판에 구워먹는 양고기요리
しんこ(신코)	新香(신향)	일본식 절임류
しんこ(신코)	新粉(신분)	쌀가루
しんぬき(신누키)	心拔(심발)	야채의 심을 빼는 도구

す -su

일본명	한자명	한글명
す(스)	酢(초)	식초
すあえ(스아에)	酢和(초화)	재료에 식초를 넣어 새콤달콤하게 무쳐낸 요리
すあげ(스아게)	素揚(소양)	튀김옷을 묻히지 않고 그대로 튀긴 요리
すあらい(스아라이)	酢洗(초세)	재료를 식초 담가 잡냄새를 제거 하는 것
すいあじ(스이아지)	吸味(흡미)	맑은국과 같은 정도로 약하게 간이 된 국물
すいか(스이카)	西瓜(서과)	수박
ずいき(즈이키)	芋莖(우경)	토란대
すいくち(스이쿠치)	吸口(흡구)	맑은 국물에 향을 내는 재료
すいじ(스이지)	吸地(흡지)	싱겁게 간을 한 맑은국의 국물
すいとん(스이톤)	水団(수단)	일본식 수제비
すいはんき(스이한키)	炊飯器(취반기)	밥 짓는 기구
すいぶん(스이분)	水分(수분)	수분
すいもの(스이모노)	吸物(흡물)	맑은국. 스마시지루(淸汁)
すえひろぎり(스에히로기리)	末廣切リ(말광절)	야채를 부채처럼 끝이 퍼져가도록 자른 것
すがき(스가키)	酢牡蠣(초모려)	굴초회
すがた(스가타)	姿(자)	재료를 살아 있는 모양 그대로 조리하는 것
すがたずし(스가타즈시)	姿鮨(자지)	생선 내장만 제거하여 샤리를 배 속에 넣어 만든 초밥
すがたもり(스가타모리)	姿盛(자성)	재료의 원형 그대로 담는 것
すがたやき(스가타야키)	姿燒(자소)	생선이 움직이는 듯한 원형대로 꼬치를 꽂아 구워내는 형태
すきやき(스키야키)	鋤燒(서소)	스키야키=우시나베(牛鍋)
すきやきなべ(스키야키나베)	鋤燒鍋(서소과)	스키야키용 냄비
すけ(스케)	助(조)	주방일이 바쁠 때 도와주는 보조
すけとだら(스케토다라)	明太(명태)	명태

すし(스시)	壽司, 鮨(수사, 지)	초밥. 생선초밥
すじ(스지)	筋(근)	동물의 힘줄이나 근육의 막
すしおけ(스시오케)	鮨桶(지통)	초밥을 담아내는 전용 용기(칠기그릇)
すしぎりぼちょ(스시기리보쵸)	鮨切り包丁(지절포정)	초밥 다네를 자르는 칼
すじこ(스지코)	筋子(근자)	난소막을 터트리지 않고 연어나 숭어알을 건조하여 만든 염건품
すしず(스시즈)	鮨酢(지초)	초밥초
すしだね(스시다네)	鮨種(지종)	초밥의 주재료
すしめし(스시메시)	鮨飯(지반)	초밥을 만들기 위해 혼합초를 섞은 밥
すしや(스시야)	鮨屋(지옥)	초밥 전문점
すしわく(스시와쿠)	鮨枠(지화)	초밥 틀
すずき(스즈키)	鱸(로)	농어
すずさんしょう(스즈산쇼)	鈴山椒(령산초)	산초열매
すずめ(스즈메)	雀(작)	참새
すずめずし(스즈메즈시)	雀鮨(작지)	작은 도미를 이용하여 만든 초밥
すずめだい(스즈메다이)	雀鯛(작조)	자리돔
すずめやき(스즈메야키)	雀燒(작소)	참새구이
すだち(스다치)	酢橘(초귤). 酸橘(산귤)	영귤
すだれ(스다레)	廉(렴)	김밥을 말 때 쓰는 발
すずけ(스즈케)	酢漬(초지)	초절임
すっぽん(슷폰)	鼈(별)	자라
すっぽんじる(슷폰지루)	鼈汁(별즙)	자라 맑은국
すっぽんなべ(슷폰나베)	鼈鍋(별과)	자라냄비
すっぽんに(슷폰니)	鼈煮(별자)	자라를 볶아서 간장, 청주를 넣은 조림요리
すどりしょが(스도리쇼가)	酢取生薑(초취생강)	생강의 뿌리, 줄기를 단식초에 담가 절인 것
すなぎも(스나기모)	砂肝(사간)	닭 모래주머니
すに(스니)	酢煮(초자)	초조림
すね(스네)	脛(경)	다리. 사골. 정강이
すのもの(스노모노)	酢の物(초물)	초회
すぶた(스부타)	酢豚(초돈)	튀긴 돼지고기에 야채를 아마스앙으로 무친 요리
すましこ(스마시코)	素干(소간)	소금으로 간을 하지 않고 그대로 말린 것
すましじる(스마시지루)	澄汁(징즙)	맑은국=스이모노(吸い物)
すみ(스미)	炭(탄)	목탄. 숯
すみそ(스미소)	酢味噌(초미쟁)	초된장
すりこぎ(스리코기)	擂紛木(뢰분목)	절구 봉
すりばち(스리바치)	擂鉢(뢰발)	내부는 빗살무늬로 된 도기로 만든 절구
すりみ(스리미)	擂り身(뢰신)	으깬 생선살
するめ(스루메)	鯣(양)	말린 오징어
するめいが(스루메이카)	鯣烏賊(양오적)	물오징어
ずおいがに(즈와이가니)	蟹(해)	바다참게

せ -se

일본명	한자명	한글명
せあぶら(세아부라)	背脂(배지)	돼지고기비계
せいご(세이고)	鮬(보)	20cm 정도 크기의 농어새끼
せいしゅ(세이슈)	清酒(청주)	쌀과 누룩으로 빚은 일본의 전통주
せいじょやさい(세이죠야사이)	清淨野菜(청정야채)	청정야채
せいしょく(세이쇼쿠)	生食(생식)	식품을 가열하지 않고 섭취하는 것
せいはくまい(세이하쿠마이)	精白米(정백미)	도정을 마친 백미
せいろう(세이로)	蒸籠(증롱)	나무로 만든 찜통
せごし(세고시)	背越(배월)	작은 생선을 손질하여 통째로 잘게 썰어낸 생선회
せびらき(세비라키)	背開(배개)	생선의 등을 갈라 뱃살을 자르지 않고 펼쳐놓는 손질법(장어, 전어 등)
せみくじら(세미쿠지라)	背美鯨(배미경)	참고래
せり(세리)	芹(근)	미나리
せわた(세와타)	背腸(배장)	새우 등에 들어 있는 내장
ぜん(젠)	膳(선)	식탁 위에 놓여 있는 요리
せんいそ(센이소)	繊維素(섬유소)	섬유소
せんぎり(센기리)	千切リ(천절)	채썰기
せんぐみ(센구미)	膳組(선조)	요리의 형식이 조합된 양식
ぜんご(젠고)		전갱이의 측선에 일자로 붙어 있는 비늘
ぜんさい(젠사이)	前菜(전채)	전채요리
せんちゃ(센챠)	前茶(전다)	녹차
せんべい(센베이)	前餅(전병)	쌀이나 밀가루를 반죽하여 금형을 이용하여 구운 과자
せんぼんあげ(센본아게)	千本揚げ(천본양)	재료에 흰자를 묻혀 소면을 1cm로 잘라 튀겨낸 튀김
せんまい(젠마이)	千枚(천매)	소의 세 번째 위. 천엽
ぜんまいき(센마이키)	洗米機(세미기)	쌀을 씻는 기계
せんろっぽん(센롯폰)	千六本(천육본)	성냥개비 정도의 채썰기

そ -so

일본명	한자명	한글명
そい(소이)	曹以(조이)	볼락
そうぎょ(소우교)	草魚(초어)	초어
そざい(소자이)	總菜(총채)	식사의 반찬
ぞすい(조스이)	雑取(잡취)	죽
ぞうに(조우니)	雑煮(잡자)	정월에 만든 떡으로 만든 떡국
そうはち(소우하치)	宗八(종팔)	가자미의 일종

일본명	한자명	한글명
そめん(소멘)	素麵(소면)	소면
ぞうもつ(조우모츠)	臟物(장물)	식용 가능한 수조육류의 내장
そえもの(소에모노)	添物(첨물)	곁들임(장식)
そえぐし(소에구시)	添串(첨관)	꼬치구이를 할 때 사용하는 꼬챙이
そぎぎり(소기기리)	削切(삭절)	재료를 비스듬히 깎아 자르는 것
そくせいもの(소쿠세이모노)	促成物(촉성물)	비닐하우스에서 재배한 과일이나 채소류
そくせぎだし(소쿠세기다시)	卽席出汁(즉석출즙)	즉석에서 맞춘 다시
そさい(소사이)	蔬菜(소채)	야채
そでぎり(소데기리)	袖切り(수절)	약간 사선으로 자른 것
そてつ(소테츠)	蘇鐵(소철)	소철
そとびき(소토비키)	外引(외인)	칼을 바닥으로 누른 다음 양손을 바깥 방향으로 당기며 생선의 껍질을 벗기는 것
そば(소바)	僑麥(교맥)	메밀국수
そばきり(소바기리)	蕎麥切り(교맥절)	일본식 메밀국수
そばこ(소바코)	僑麥粉(교맥분)	메밀가루
そばずし(소바즈시)	僑麥鮨(교맥지)	메밀로 만든 초밥
そばだし(소바다시)	僑麥出汁(교맥출즙)	메밀국수에 곁들이는 국물
そばむし(소바무시)	僑麥蒸(교맥증)	신슈무시(信州蒸し)
そばゆ(소바유)	僑麥湯(교맥탕)	메밀국수를 삶아낸 물
そぼろ(소보로)	粗ぼろ(조)	닭고기, 새우, 생선살 등을 삶아서 말려 간을 하여 부셔 놓은 것
そめおろし(소메오로시)	染卸(염사)	무즙에 간장과 부순 김 등으로 색과 맛을 낸 것
そらまめ(소라마메)	蠶豆(잠두)	잠두콩

た-ta

일본명	한자명	한글명
たいやき(타이야키)	鯛燒(조소)	붕어빵
たいらがい(타이라가이)	平貝(평패)	키조개
たかなずけ(타카나즈케)	高菜漬げ(고채지)	갓 절임
たからむし(타카라무시)	寶蒸し(보증)	호박에 구멍을 내어 각종 야채를 넣고 쪄낸 요리
たきあわせ(타키아와세)	炊合(취합)	두 가지 이상의 조림요리를 그릇 하나에 담아냄
たきがわどうふ(타키가와도후)	瀧川豆腐(롱천두부)	두부를 한천으로 응고시켜 담아낸 여름 별미요리
たぐあんずげ(타쿠안즈게)	澤庵漬(택암지)	무의 저장을 위해 개발한 무 절임. 단무지
たげのこ(타게노코)	筍(순)	죽순
たげやき(타게야키)	竹燒(죽소)	대나무에 어패류와 야채를 넣고 오븐에서 구워낸 요리
たこ(타코)	蛸(소)	문어

たこひき(타코히키)	蛸引(소인)	길게 사각진 사시미용 칼. 타코히키보쵸의 준말
たこやき(타코야키)	蛸燒(소소)	문어를 넣은 풀 빵
だし(다시)	出汁(출즙)	다시국물
だしかけ(다시카케)	出汁掛(출즙괘)	조미한 국물을 음식에 끼얹어 내는 요리
だしごんぶ(다시콘부)	出汁昆布(출즙곤포)	다시용 다시마
だしまき(다시마키)	出汁卷(출즙권)	계란말이
だしわり(다시와리)	出汁割(출즙할)	간장, 조미료 등을 다시국물로 희석하여 간을 연하게 한 것
たたき(타타키)	叩(고)	칼등으로 생선을 두드려 다진 것
たたきあげ(타타키아게)	叩揚(고양)	다져진 재료를 동그랗게 튀겨낸 요리
たたきなます(타타키나마스)	叩膾(고회)	전갱이나 다랑어를 다져서 된장과 파를 섞어 먹는 것
たちうお(타치우오)	太刀魚(태도어)	갈치
たつくり(타츠쿠리)	田作(전작)	말린 잔멸치를 간장과 설탕, 술 등으로 조린 것
たつた(타츠타)	龍田(용전)	새우나 간장의 재료로 음식에 단풍처럼 색이 나도록 만든 것
たい(타이)	鯛(조)	도미
たいかぶら(타이카부라)	調蕪(조무)	도미머리와 순무를 간장으로 조린 조림요리
だいこん(다이콘)	大根(대근)	무
だいこんおろし(다이콘오로시)	大根卸(대근사)	무즙
だいこんなます(다이콘나마스)	大根膾(대근회)	무, 당근을 채썰어 절였다가 초절임한 것
たいさい(타이사이)	体菜(체채)	일본식 배추의 일종으로 중국의 청경채와 비슷
たいしょえび(타이쇼에비)	大正海老(대정해로)	대하
だいず(다이즈)	大豆(대두)	콩. 대두
だいずこ(다이즈코)	大豆粉(대두분)	콩가루
だいずごはん(다이즈고항)	大豆御飯(대두어반)	콩밥
だいずもやし(다이즈모야시)	大豆萌(대두맹)	콩나물. 마메모야시(豆萌)
だいずゆ(다이즈유)	大豆油(대두유)	식용유
だいだい(다이다이)	橙(등)	녹색 감귤로 폰즈를 만드는 데 즙을 사용
たいちゃずげ(타이챠즈게)	鯛茶漬(조다지)	도미차밥
たいちり(타이치리)	鯛ちり鍋(조과)	도미지리. 도미냄비
だいどころ(다이도코로)	台所(태소)	부엌
だいみょおろし(다이묘오로시)	大名卸(대명사)	칼로 생선의 중간 뼈를 누르면서 단번에 오로시하는 것
たいめし(타이메시)	鯛飯(조반)	도미를 사용한 밥
たいめん(타이멘)	鯛麵(조면)	삶은 소면에 도미조림을 얹어낸 요리
たずなずし(타즈나즈시)	手綱鮨(수망지)	김발 위에 랩을 깔고, 그 위에 생선 등의 초밥재료를 2~3가지 올려 말아낸 초밥

たつなぬき(타츠나누키)		야채를 나사 모양으로 파내는 데 이용하는 도구
たずなまき(타즈나마키)	手綱卷(수망권)	부드러운 재료를 김발 위에 어슷하게 놓고 말아낸 마키
たていだ(타테이타)	立板(입판)	주방장의 보조인 부주방장
たてがわ(타테가와)	伊達皮(이달피)	스리미에 계란을 풀어 섞어 두껍게 구운 것
たてぐし(타테구시)	縱串(종곶)	생선의 머리에서 꼬리까지 일자로 꼬치를 꽂는 것
たてしお(타테시오)	立塩(입염)	생선을 씻거나 재료에 간을 들이는 데 사용하는 소금물
たてばりょうり(타테바료리)	立場料理(입장요리)	길거리요리
たてまき(타테마키)	伊達卷(이달권)	오세치요리(正月料理)에 이용되는 계란말이
たてまきずし(타테마키즈시)	伊達卷鮨(이달권지)	계란의 지단으로 만 김초밥의 형태
たにし(타니시)	田螺(전라)	민물우렁이
たね(타네)	種(종)	요리를 위해 준비해 둔 재료
たねぬき(타네누키)	種拔(종발)	과실의 씨를 빼는 기구
たま(타마)	玉(옥)	초밥집의 은어로 피조개를 말한다.
たまご(타마고)	卵(란)	달걀
たまござけ(타마고자케)	卵酒(란주)	계란술
たまごしょうゆ(타마고쇼유)	卵醬油(란장유)	계란간장
たまごじる(타마고지루)	卵汁(란즙)	계란물
たまごどうふ(타마고도후)	玉子豆腐(옥자두부)	계란두부
たまそまきなべ(타마코마키나베)	卵卷鍋(란권과)	다시마키 팬
たまごゆでき(타마고유데키)	卵茹器(란여기)	계란을 삶는 전기기구
たまざけ(타마자케)	玉酒(옥주)	술과 물을 반씩 섞은 것으로 손질된 생선을 씻는 데 사용하는 물
たまじ(타마지)	玉地(옥지)	계란물
たまねぎ(타마네기)	玉葱(옥총)	양파
たまみそ(타마미소)	玉味噲(옥미쟁)	백된장에 노른자, 청주, 미림 등을 넣고 가열하면서 굳힌 된장
たまりしょうゆ(타마리쇼유)	溜醬油(류장유)	타마리간장
たら(타라)	鱈(설)	대구
たらこ(타라코)	鱈子(설자)	대구의 정소
たらこぶ(타라코부)	鱈昆布(설곤포)	대구 맑은국
たらちり(타라치리)	鱈鍋(설과)	대구지리
たらのき(타라노키)	楤の木(총목)	두릅나무
たらのめ(타라노메)	楤の芽(총아)	두릅나물
たる(타루)	樽(준)	술이나 간장을 넣어 두는 나무통
たれ(타레)	垂(수)	데리야키소스
だんご(단고)	団子(단자)	경단

たんざくぎり(탄자쿠기리)	短冊切り(단책절)	길이 4〜5cm, 폭 1cm 정도로 얇은 사각채 썰기
たんすいかぶつ(탄스이카부츠)	炭水和物(탄수화물)	탄수화물
たんすいぎょ(탄스이교)	淡水魚(담수어)	민물고기
たんぱくしつ(탄파쿠시츠)	蛋白質(단백질)	단백질
たんぽぽ(탄포포)	浦公英(포공영)	민들레

ち-chi

일본명	한자명	한글명
ちあい(치아이)	血合(혈합)	생선살사이의 검붉은 부분
ちからうどん(치카라우동)	力うどん(력)	떡을 올려놓은 가케우동
ちくぜんに(치쿠젠니)	筑前煮(축전자)	닭고기 야채조림
ちくわ(치쿠와)	竹輪(죽륜)	원통형 어묵
ちしゃ(치샤)	萵苣(와거)	상추
ちだい(치다이)	血鯛(치조)	붉은돔
ちぬ(치누)	茅渟(모정)	감성돔
ちぬき(치누키)	血抜(혈발)	피빼기
ちまきずし(치마키즈시)	粽鮨(종지)	초절임한 생선을 얇게 저며 초밥을 만들어 조릿대잎으로 싼 것
ちゃ(챠)	茶(차)	차
ちゃかいせき(챠가이세키)	茶懐石(차회석)	차를 마시기 전에 나오는 요리
ちゃがゆ(챠가유)	茶粥(다죽)	차로 끓인 죽
ちゃきんずし(챠킨즈시)	茶巾鮨(다건지)	얇은 지단이나 생산으로 동그랗게 말아서 싼 초밥
ちゃこし(챠코시)	茶漉(차록)	차를 거르는 동그란 망
ちゃせんぎり(챠센기리)	茶筅切(차선절)	야채를 빗살무늬 모양으로 잔 칼집을 넣어, 차를 마시는 주전자 모양을 낸 것
ちゃせんなす(챠센나스)	茶筅茄子(차선가자)	가지를 챠센기리한 것
ちゃそば(챠소바)	茶蕎麥(차교맥)	차 잎가루를 섞어 만든 메밀국수
ちゃつけ(챠츠케)	茶漬(다지)	오차즈케
ちゃぶだい(챠부다이)	卓袱台(탁복태)	식사용 탁자. 밥상
ちゃめし(챠메시)	茶飯(다반)	차를 달인 물에 소금과 술로 간을 하여 지은 밥
ちゃわん(챠완)	茶碗(다완)	일본의 대표적인 식기. 자기그릇
ちゃわんむし(챠완무시)	茶碗蒸(다완증)	계란찜
ちゃんこなべ(챤고나베)	鏈鍋(산과)	씨름선수들이 먹던 냄비요리
ちゅうかりょうり(츄우카료리)	中華料理(중화요리)	중화요리
ちゅうしょく(츄우쇼쿠)	晝心(주심)	점심
ちゅうりきご(츄우리키고)	中力粉(중력분)	중력분
ちょうざめ(쵸우자메)	蝶鮫(접교)	용 상어
ちょうじ(쵸우지)	丁子(정자)	정향나무

일본명	한자명	한글명
ちょうしょく (쵸우쇼쿠)	朝食(조식)	조반
ちょうせんずげ (쵸우센즈게)	朝鮮漬(조선지)	한국김치＝キムチ
ちょうせんにんじん (쵸우센닌징)	朝鮮人蔘(조선인삼)	인삼
ちょうせんやき (쵸우센야키)	朝鮮燒(조선소)	불고기
ちょうせんりょうリ (쵸우센료리)	朝鮮料理(조선요리)	한국요리
ちょうみ (쵸우미)	調味(조미)	조미. 아지츠케(味付け)
ちょうみしょうゆ (쵸우미쇼유)	調味醬油(조미장유)	겨자나 고추냉이, 다시물 등을 넣어 조미하여 맛을 낸 간장
ちょうみず (쵸우미즈)	調味酢(조미초)	식초에 간장, 설탕, 소금, 술 등의 재료를 넣어 만든 혼합초. 니바이스, 삼바이스, 아마스, 고마스 등
ちょうリ (쵸우리)	調理(조리)	조리
ちょうリし (쵸우리시)	調理師(조리사)	조리사
ちょうリしほう (쵸우리시호우)	調理師法(조리사법)	일본에서 조리사에 관한 사항을 구체적으로 명시. 국민 식생활의 향상을 목적으로 1958년에 제정된 법률
ちょうリば (쵸우리바)	調理場(조리장)	주방
ちょうリばけ (쵸우리바케)	調理刷毛(조리쇄모)	조리용 붓
ちらしあげ (치라시아게)	散揚(산양)	덴푸라를 튀길 때 꽃이 피도록 고로모를 뿌리며 튀기는 것
ちらしずし (치라시즈시)	散らし鮨(산지)	일본식 회덮밥
ちリす (치리스)	ちリ酢(초)	폰즈＝ポン酢
ちリなべ (치리나베)	ちリ鍋(과)	지리냄비
ちリむし (치리무시)	ちリ蒸(증)	지리처럼 재료를 담아서 다시에 술을 넣고 찜통에 쪄낸 요리
ちリめんざこ (치리멘자코)	縮緬雜魚(축면잡어)	마른 잔멸치를 무즙 위에 얹어낸 요리
ちんぴ (친피)	陳皮(진피)	귤의 껍질
ちんみ (친미)	珍味(진미)	귀한 음식

つ-tsu

일본명	한자명	한글명
つきだし (츠키다시)	突出(돌출)	본 식사가 나오기 전에 나오는 간단한 안주요리
つきみ (츠키미)	月見(월견)	난황을 달처럼 보이도록 음식 위에 담아 올린 요리
つきみとろろ (츠키미토로로)	月見蕷(월견여)	산마즙에 난황을 위에 얹어낸 요리
つくだに (츠쿠다니)	佃煮(전자)	어류, 해조류, 야채 등을 간장, 미림, 설탕 등으로 달게 졸여낸 요리
つくね (츠쿠네)	捏(날)	갈아낸 재료에 계란을 넣고 반죽하여 단고로 만든 것
つけあげ (츠케아게)	付揚(부양)	어묵튀김
つけじょゆ (츠케죠유)	付醬油(부장유)	요리에 곁들이는 간장

일본명	한자명	한글명
つけもの(츠케모노)	漬物(지물)	야채절임
つけやき(츠케야키)	付燒(부소)	데리를 발라 구운 요리
つつぎり(츠츠기리)	筒切(통절)	생선을 통째로 썬 것
つつみあげ(츠츠미아게)	包揚(포양)	향미를 살리고 타지 않도록 재료를 은박지에 싸서 튀긴 요리
つつみやき(츠츠미야키)	包燒(포소)	재료를 조미하여 은박지에 싸서 구운 요리
つなぎ(츠나기)	繫(계)	재료에 점성을 놓이기 위해 계란이나 산마즙, 밀가루, 전분 등을 넣는 것
つばき(츠바키)	椿(춘)	동백나무
つぶ(츠부)	螺(라)	소라고동
つぶうに(츠부우니)	螺雲丹(라운단)	성게알로 만든 젓갈
つぼ(츠보)	坪(평)	혼젠요리(本膳料理)에 사용하는 니모노 그릇
つぼぬき(츠보누키)	壺抜き(호발)	생선의 아감딱지에 칼이나 젓가락으로 아가미와 내장을 빼내는 것
つぼやき(츠보야키)	壺燒(호소)	소라 껍질을 용기로 이용하여 조리하는 것
つま(츠마)	妻(처)	생선회나 국에 곁들이는 야채나 해초
つまみ(츠마미)	摘(적)	간단한 안주요리
つめ(츠메)	詰(힐)	니츠메(煮詰め)
つゆ(츠유)	液(액)	맑은장국, 국물
つるしぎり(츠루시기리)	吊切リ(적절)	생선을 매달아서 오로시하는 것

て -te

일본명	한자명	한글명
ていしょく(테이쇼쿠)	定食(정식)	정식요리
てうち(테우치)	手打(수타)	면을 손으로 반죽하여 쳐서 국수 등을 만들어내는 것
てず(테즈)	手酢(수초)	초밥을 쥘 때 손에 묻히는 식초물
てっがどんぶり(텟가돈부리)	鐵火丼(철화정)	초밥에 참치의 붉은 살을 얹은 덮밥
てっがまき(텟가마키)	鐵火卷(철화권)	참치김초밥
てっさ(텟사)	鐵刺(철자)	복사시미를 이르는 말. 철포(鐵砲)
てっせん(텟센)	鐵扇(철선)	요리에 부채모양의 꼬치를 꿰거나, 부채모양으로 자른 요리의 명칭
てっちり(텟치리)	鐵ちリ(철)	복지리
てっぱんやき(텟판야키)	鐵板燒(철판소)	철판구이요리
てっぽ(텟포)	鐵砲(철포)	복어의 별명
てっぽまき(텟포마키)	鉄砲卷(철포권)	간표마키(千瓢卷)라고 하며 박고지 조림을 넣어서 얇게 만 김초밥(細卷き)
てっぽやき(텟포야키)	鉄砲燒(철포소)	고추된장을 발라 구운 요리
でばぼちょう(데바보쵸)	出刃包丁(출인포정)	생선 오로시 데바
でびらき(데비라키)	手開(수개)	손을 이용하여 작은 생선의 머리, 내장을 제거하는 방법

일본명	한자명	한글명
でみず(데미즈)	手水(수수)	밥, 떡을 만질 때 손에 붙지 않도록 손에 묻히는 물
でりに(테리니)	照煮(조자)	재료에 간장소스를 윤기가 흐르도록 조린 요리
でりやき(데리야키)	照燒(조소)	간장소스를 발라 구운 구이
でんがく(덴가쿠)	田樂(전락)	두부된장구이
でんがくみそ(덴가쿠미소)	田樂味噌(전락이쟁)	닭고기를 갈아 된장에 넣고 조려낸 된장
てんかす(텐카스)	天滓(천재)	튀김 찌꺼기
てんぐさ(텐구사)	天草(천초)	우뭇가사리
てんすい(텐스이)	天吸(천흡)	덴푸라 우동이나 소바를 먹고 난 국물
てんつゆ(텐츠유)	天汁(천즙)	덴다시
てんどん(텐돈)	天丼(천정)	덴푸라덮밥
てんぴ(텐피)	天火(천화)	오븐
てんぷら(텐푸라)	天婦羅(천부라)	튀김
でんぷん(덴푼)	澱粉(전분)	전분
てんぽやき(텐포야키)	傳法燒(전법소)	토기에 가늘게 썬 파를 깔고 생선살을 넣어 익힌 요리
てんもり(텐모리)	天盛(천성)	요리 위에 색과 의미가 있는 재료를 얹는 것

と -to

일본명	한자명	한글명
といし(토이시)	砥石(지석)	칼을 가는 숫돌
とがらし(토가라시)	唐辛子(당신자)	홍고추
とうき(토우키)	陶器(도기)	도자기, 자기그릇
とうざに(토우자니)	当座煮(당좌자)	야채 등을 간장과 술을 넣어 짜게 조려낸 요리
とうにゅう(토뉴)	豆乳(두유)	두유
とうぶ(토부)	豆腐(두부)	두부
どみょじあげ(도묘지아게)	道明寺揚(도명사양)	찹쌀을 쪄서 말린 식품을 재료에 묻혀 튀겨낸 튀김
ともろこし(토모로코시)	玉蜀黍(옥촉서)	옥수수
とこぶし(토코부시)	常節(상절)	오분자기, 떡조개
ところてん(토코로텐)	心太(심태)	우뭇가사리의 한천을 응고시켜 만든 제품
とさかのり(토사카노리)	鷄冠海苔(계관해태)	닭 벼슬모양의 홍조류 해초
とさ(토사)	土左(토좌)	가쓰오부시의 산지
とさしょうゆ(토사쇼유)	土左醬油(토좌장유)	가쓰오다시, 미림, 술 등으로 간을 하여 끓여 맛을 낸 간장
とさず(토사즈)	土左酢(토좌초)	혼합초
としこしそば(토시코시소바)	年越蕎麥(년월교맥)	해 넘기기 메밀국수
どじょう(도죠)	鰌(추)	미꾸라지
とっくり(톳쿠리)	德利(덕리)	뜨거운 청주를 담아 마시는 작은 술병

일본명	한자명	한글명
どてなべ(도테나베)	土手鍋(토수과)	패류와 야채를 넣어 된장으로 맛을 낸 냄비요리
となべ(도나베)	土鍋(토과)	흙으로 구워낸 냄비
とびうお(토비우오)	飛魚(비어)	날치
どびん(도빈)	土瓶(토병)	질주전자
どびんむし(도빈무시)	土瓶蒸(토병증)	송이버섯의 주전자찜
どぶろく(도부로쿠)	濁酒(탁주)	청주의 제조과정에서 거르지 않은 탁한 술
とめわん(토메완)	止椀(지완)	카이세키(會席)요리에서 마지막에 식사와 함께 나오는 국물요리로 주로 미소시루가 제공된다.
とらふぐ(토라후구)	虎河豚(호하돈)	복어 중 최상품인 범복
とりがい(토리가이)	鳥貝(조패)	새조개
とりにく(토리니쿠)	鶏肉(계육)	닭고기
とりめし(토리메시)	鶏飯(계반)	닭고기 육수에 간장, 소금으로 간을 하고 닭고기살을 넣고 지은 밥
とろろ(토로로)	薯蕷(서여)	산마즙
とろろいも(토로로이모)	薯蕷藷(서여저)	산마
とろろこんぶ(토로로콘부)	薯蕷昆布(서여곤포)	다시마를 가늘게 썰어서 만든 가공식품
とろろじる(토로로지루)	薯蕷汁(서여즙)	산마즙을 넣은 장국
とろろそば(토로로소바)	薯蕷蕎麥(서여교맥)	소바다시에 산마즙을 넣어 먹는 국수
とんじる(톤지루)	豚汁(돈즙)	돈육국물
とんそく(톤소쿠)	豚足(돈족)	돼지족발
とんちり(톤치리)	豚ちり(돈)	돼지고기지리
どんぶり(돈부리)	丼(정)	덮밥요리

な-na

일본명	한자명	한글명
ながいも(나가이모)	長薯(장서)	참마
ながさきりょうリ(나가사키료리)	長崎料理(장기요리)	나가사키요리
ながしばこ(나가시바코)	流箱(류상)	굳힘 틀
なし(나시)	梨(리)	배
なす(나스)	茄子(가자)	가지
なっとう(낫토)	納豆(납두)	우리나라의 청국장과 비슷한 일본의 대표적인 콩 발효식품
なつみかん(나츠미칸)	夏蜜柑(하밀감)	여름 밀감. 하귤
なつめ(나츠메)	棗(조)	대추
ななめぎり(나나메기리)	斜切(사절)	어슷썰기
なのはな(나노하나)	菜の花(채화)	유채꽃
なべ(나베)	鍋(과)	흙으로 만든 냄비. 현재는 나베(鍋)로 통칭
なべもの(나베모노)	鍋物(과물)	냄비요리
なべやきうどん(나베야키우동)	鍋燒うどん(과소)	냄비우동

일본명	한자명	한글명
なまこ(나마코)	海鼠(해서)	해삼
なます(나마스)	膾(회)	비가열조리한 요리의 총칭
なまず(나마즈)	鯰(염)	메기
なまふ(나마후)	生麩(생부)	밀기울을 이용하여 만든 조리용 떡
なめみそ(나메미소)	滑子(활자)	반찬으로 먹을 수 있도록 여러 가지 재료를 섞어 조미한 된장(우리나라 쌈장과 비슷)
ならずけ(나라즈케)	奈良漬(나양지)	늙은 오이를 술지게미로 만든 나라(奈良) 지방의 향토식 절임
なれずし(나레즈시)	熟れ鮨(숙지)	염장생선을 밥과 함께 절인 저장한 식품으로 초밥의 원형
なんきんまめ(난킨마메)	南京豆(남경두)	낙화생(땅콩)
なんばんりょうリ(난반료리)	南蛮料理(남만요리)	포르투갈, 스페인의 영향을 받아 생긴 중국풍 요리
なんぶ(난부)	南部(난부)	깨를 사용하여 요리에 곁들이는 것

に -ni

일본명	한자명	한글명
におい(니오이)	臭(취)	냄새
にがみ(니가미)	苦味(고미)	쓴맛
にがリ(니가리)	苦汁(고즙)	간수. 두부 응고제
にきリ(니키리)	煮切(자절)	미림이나 술의 알코올 제거하는 것(알코올 누키)
にぎリずし(니기리즈시)	握鮨(악지)	생선초밥
にぎリめし(니기리메시)	握飯(악반)	주먹밥
にくたたき(니쿠타타키)	肉叩(육고)	고기의 육질을 연하게 하기 위해 두들기는 망치
にくだんご(니쿠단고)	肉団子(육단자)	고기단자
にこごリ(니코고리)	煮凝(자응)	생선의 젤라틴을 끓이다가 굳힌 요리. 복묵이 대표적
にこみうどん(니코미우동)	煮込うどん(자입)	장시간 끓인 육수에 삶은 우동
にこむ(니코무)	煮込(자입)	약불에서 장시간 끓이는 조리법
にし(니시)	螺(라)	고둥
にしめ(니시메)	煮染(자염)	재료가 충분히 색과 맛이 들도록 시간을 두고 졸이는 것(조리방법)
にしん(니신)	鰊(련)	청어
につめ(니츠메)	煮詰(자힐)	열을 가열한 초밥 재료에 바르는 타래
にはいす(니하이스)	二杯酢(이배초)	간장과 식초를 1:1의 비율로 섞은 혼합초
にばんだし(니반다시)	二番出汁(이번출즙)	이번다시
にびたし(니비타시)	煮浸(자침)	다량의 재료를 장시간에 걸쳐 연하게 졸이는 것(조리방법)
にぼし(니보시)	煮干(자간)	다시용 마른 멸치
にほんしゅ(니혼슈)	日本酒(일본주)	청주, 일본술

일본명	한자명	한글명
にほんりょうり(니혼료리)	日本料理(일본요리)	와쇼쿠(和食)
にまいおろし(니마이오로시)	二枚卸(이매사)	두장뜨기
にまめ(니마메)	煮豆(자두)	물에 불린 콩을 약불에서 장시간 조린 것
にもの(니모노)	煮物(자물)	삶거나 조려 익힌 요리
にら(니라)	韮(구)	부추
におとり(니와토리)	鶏(계)	닭
にんじん(닌진)	人蔘(인삼)	당근
にんにく(닌니쿠)	大蒜(대산)	마늘

ぬ-nu

일본명	한자명	한글명
ぬいぐし(누이구시)	縫串(봉관)	꼬챙이를 껍질과 살 사이를 바느질 하듯 꿰는 방법
ぬか(누카)	糠(강)	쌀겨
ぬかずけ(누카즈케)	糠漬(강지)	쌀겨절임
ぬきがた(누키가타)	拔形(발형)	모양 틀
ぬたうなぎ(누타우나기)		먹장어. 꼼장어

ね-ne

일본명	한자명	한글명
ねぎ(네기)	葱(총)	파
ねじうめ(네지우메)	拗梅(요매)	매화모양으로 만들어 각 잎사귀마다 입체적으로 각을 주어 깎는 것
ねずみ(네즈미)	鼠(서)	쥐
ねりざけ(네리자케)	煉酒(연주)	청주에 달걀 흰자와 설탕을 넣어 약한 불에서 끓인 음료
ねりみそ(네리미소)	煉味噌(연미쟁)	된장에 설탕과 맛술을 섞어 체에 내려 약한 불에서 살짝 끓여낸 것
ねりもの(네리모노)	練物(련물)	굳힘요리
ねんぶつだい(넨부츠다이)	念仏鯛(염불조)	도화돔

の-no

일본명	한자명	한글명
のうこうじる(노우코우지루)	濃厚汁(농후즙)	진한 국물
のしぐし(노시구시)	伸串(신관)	새우를 삶을 때 등이 굽지 않도록 꼬치를 꽂아주는 것
のぞき(노조키)	囊状器(낭장기)	소량의 무침이나 초절임요리를 담는 작고 깊은 그릇
のっぺい(놋뻬이)	濃餅(농병)	국물이 많은 요리로 밀가루나 전분으로 농도를 맞춘다.

일본명	한자명	한글명
のびる(노비루)	野蒜(야산)	달래
のぼりぐし(노보리구시)	登串(등관)	생선을 살아 움직이는 모양으로 꼬챙이에 꿰는 방식
のみもの(노미모노)	飲(み)物(음물)	음료. 마시는 요리
のり(노리)	海苔(해태)	김
のりまき(노리마키)	海苔巻(해태권)	김초밥

は -ha

일본명	한자명	한글명
はい(하이)	杯,盃(배)	잔, 술잔
はいが(하이가)	胚芽(배아)	씨의 구성성분으로 열매의 일부분이며 발아에 중요한 역할
ばいかたまご(바이카타마고)	梅花卵(매화란)	메추리알을 삶아서 매화꽃모양으로 만든 것
ばいにく(바이니쿠)	梅肉(매육)	매실의 과육을 우라고시하여 설탕, 소금으로 조미하고 시소잎으로 색깔을 낸 것(주먹밥에 사용)
ばかがい(바카가이)	馬鹿貝(마록패)	개량조개
はくさい(하쿠사이)	白菜(백채)	배추
はくりきこ(하쿠리키코)	薄力粉(박력분)	글루텐함량이 적어 튀김요리에 적당한 밀가루
はけ(하케)	刷毛(쇄모)	요리용 붓
はこずし(하코즈시)	箱鮨(상지)	상자초밥
はし(하시)	著(저)	젓가락, 저분
はしおき(하시오키)	著置(저치)	젓가락받침
はじかみ(하지카미)	薑(강)	생강의 대를 끓는 물에 데쳐 혼합초에 초절임한 것
ばしょかじき(바쇼카지키)	芭蕉梶木(파초미목)	돛새치
ばしら(바시라)	柱(주)	관자조개의 약자
はす(하스)	蓮(연)	연근
はぜ(하제)	鯊(사)	문절망둥
はた(하타)	羽太(우태)	능성어
はたはた(하타하타)	鰰(뢰)	도루묵
はち(하치)	鉢(발)	주발, 사발 등의 그릇
はちみつ(하치미츠)	蜂蜜(봉밀)	벌꿀
はっか(핫카)	薄荷(박하)	박하
はっこう(핫코)	醱酵(발효)	미생물이 식품에 증식하는 현상
はったい(핫타이)	糗(구)	미숫가루
はっちょみそ(핫쵸미소)	八丁味噌(팔정미쟁)	콩된장
バッテラ(밧테라)		고등어초밥
バット(밧토)		사각 스테인리스 용기

일본명	한자명	한글명
はっぽだし(핫포다시)	八方出汁(팔방출즙)	조림용 다시
はと(하토)	鳩(구)	비둘기
はながたぎリ(하나가타기리)	葉唐辛子(엽당신자)	고춧잎
はながつお(하나가츠오)	花鰹節(화견절)	각종 부시를 얇게 깎아놓은 것
はなさんしょう(하나산쇼우)	花山椒(화산초)	산초나무 꽃
はなれんこん(하나렌콘)	花蓮根(화연근)	연근의 껍질 주변을 꽃 모양으로 조각한 것
ばにく(바니쿠)	馬肉(마육)	말고기
はまくリ(하마쿠리)	蛤(합)	대합
はまち(하마치)	魬(반)	방어의 중치
ハム(하무)		햄
はも(하모)	鱧(례)	갯장어
はや(하야)	鮠(외)	피라미. 작은 민물고기
はやずし(하야즈시)	早鮨(조지)	밥에 초를 가하여 초밥으로 만든 것을 사용하여 만든 스시
はらご(하라고)	腹子(복자)	닭이나 생선의 배 속에 들어 있는 알
ばらずし(바라즈시)	散鮨(산지)	일본식 회덮밥
ばらにく(바라니쿠)	腹肉(복육)	삼겹살
はらん(하란)	葉蘭(엽란)	엽란
はりうち(하리우치)	針打(침타)	생선의 몸통에 꼬치를 찔러 굽는 법(조리방법)
はりぎリ(하리기리)	針切(침절)	바늘처럼 가늘고 길게 써는 방법
はりしょが(하리쇼가)	針生姜(침생강)	바늘처럼 가늘게 썬 생강을 냉수에 헹궈낸 것
はりのリ(하리노리)	針海苔(침해태)	김을 구워 바늘처럼 가늘게 채썰기한 것
はりねぎ(하리네기)	針葱(침총)	대파 흰 부분을 바늘처럼 가늘게 채썰기한 것
はるさめ(하루사메)	春雨(춘우)	당면을 물에 헹군 것
はんげつぎリ(한게츠기리)	半月切リ(반월절)	반달모양으로 썰기
はんだい(한다이)	飯台(반태)	밥상
はんだい(한다이)	板台(판태)	초밥 비빔통
ばんちゃ(반챠)	番茶(번차)	차잎을 먼저 따낸 뒤 줄기를 따서 만든 차

ひ-hi

일본명	한자명	한글명
ひれい(히레이)	火入れ(화입)	만들어둔 음식의 부패방지를 위해 음식을 재가열 조리하는 것
ひうお(히우오)	氷魚(빙어)	빙어의 치어
ひかげん(히카겐)	火加減(화가감)	건어물, 말린 물고기
ひかリもの(히카리모노)	光物(광물)	초밥집의 은어-전갱이, 고등어 등과 같이 등 푸른 생선을 말한다.
ひきぎリ(히키기리)	引切(인절)	생선회를 힘 있게 당겨 써는 법

ひきにく(히키니쿠)	挽肉(만육)	갈거나 저민 고기. (민치)햄버거, 미트볼, 소보로에 사용
ひしお(히시오)	醬(장)	옛날간장
ひじき(히시키)	鹿尾菜(록미채)	톳
ひず(히즈)	氷頭(빙두)	연어나 참치 머리의 연골
ビタミン(비타민)		비타민
ひだら(히다라)	干鱈(간설)	대구포
ひつじにく(히츠지니쿠)	羊肉(양육)	양고기
ひも(히모)	紐(뉴)	피조개나 가리비 등의 지느러미와 같은 살
ひもの(히모노)	乾物(건물)	건어물
ひやしすのもの(히야시스이모노)	冷吸物(냉흡물)	냉국
ひやしそめん(히야시소멘)	冷素麺(냉소면)	차가운 소면국수
ひやむぎ(히야무기)	冷物(냉물)	여름철 차게 한 요리의 총칭
ひややっこ(히야얏코)	冷奴(냉노)	소면과 우동의 중간 굵기의 국수
ひょしぎぎり(효시기기리)	拍子木切(박자목절)	4~5cm 길이에 폭 1cm의 사각으로 써는 것
ひらき(히라키)	開(개)	생선의 등을 갈라 펼쳐서 말린 것
ひらだけ(히라다케)	平茸(평용)	느타리버섯
ひらずくり(히라즈쿠리)	平作(평작)	칼을 힘 있게 당겨 살을 편편하게 써는 것
ひらまさ(히라마사)	平政(평정)	부시리
ひらめ(히라메)	平目(평목)	광어
ひれ(히레)	鰭(기)	지느러미
ひれざけ(히레자케)	鰭酒(기주)	복의 지느러미를 말려 구워서 청주에 담가 먹는 술
ひれじお(히레지오)	鰭塩(기염)	구이를 할 때 지느러미가 타는 것을 방지하기 위해 소금을 묻혀주는 것
びわ(비와)	批把(비파)	비파나무
びんずめ(빈즈메)	瓶詰(병힐)	병조림
びんなが(빈나가)	鬢長(빈장)	날개다랑어

ふ-hu

일본명	한자명	한글명
ふ(후)	麩(부)	조리용 떡
ふかひれ(후카히레)	鱶鰭(상기)	상어지느러미 말린 것. 샥스핀
ふき(후키)	蕗(로)	머위
ふきよせ(후키요세)	吹寄(취기)	간단한 몇 가지의 요리를 한 그릇에 담아 내는 것
ふきん(후킨)	布巾(포건)	행주
ふぐ(후구)	河豚(하돈)	복어
ふぐさりょうり(후쿠사료리)	袱紗料理(복사요리)	향응음식을 약식화한 정식요리
ふぐぞすい(후구조스이)	河豚잡炊(하돈잡취)	복어죽

일본명	한자명	한글명
ふぐちり(후구치리)	河豚ちり(하돈)	복어지리 냄비=뎃치리
ふくめに(후쿠메니)	含煮(함자)	연한 간으로 오랫동안 조려낸 조림요리
ふくらしこ(후쿠라시코)	膨粉(팽분)	베이킹파우더
ふくろ(후쿠로)	袋(대)	유부 속에 야채와 고기를 볶아 넣어 간표 등으로 묶은 것
ふじおろし(후지오로시)	富士卸(부사사)	무즙을 산 모양으로 만들어 그 위에 와사비나 생강즙을 올려놓아 산 모양으로 만든 것
ふしどり(후시도리)	節取(절취)	세장뜨기 한 생선의 치아이 부분을 도려내는 손질법
ふしるい(후시루이)	節類(절류)	다시를 만들기 위해 생선의 살을 삶아 건조시킨 것
ぶたにく(부타니쿠)	豚肉(돈육)	돼지고기
ふだんそう(후단소우)	不斷草(불단초)	근대
ふちゃりょうり(후챠료리)	普茶料理(보차요리)	채소를 사용한 중국식 사찰요리
ぶど(부도)	葡萄(포도)	포도
ぶどしゅ(부도슈)	葡萄酒(포도주)	포도주
ぶどしゅに(부도슈니)	葡陶酒煮(포도주자)	포도주를 사용하여 색과 향을 살린 조림요리
ぶどまめ(부도마메)	葡陶豆(포도두)	검정콩을 달게 조린 콩 조림요리
ふとまきずし(후토마키즈시)	太卷鮨(태권지)	김초밥
ふな(후나)	鮒(부)	붕어
ふなずし(후나즈시)	鮒鮨(부지)	붕어초밥. 붕어의 나레즈시
ふない(후나이)	腐敗(부패)	부패
ぶり(부리)	鰤(사)	방어
ふりがけ(후리가케)	振卦(진괘)	밥 위에 뿌려 먹도록 만든 혼합분말 조미료
ふりしお(후리시오)	振塩(진염)	재료에 소금을 뿌리는 것
ふるい(후루이)	篩(사)	체
ふんどし(훈도시)	褌(곤)	게의 복부에 있는 삼각형의 껍질. 마에카케
ふんまつしょうゆ(훈마츠쇼유)	粉末醬油(분말장유)	분말간장
ふんまつす(훈마츠스)	粉末酢(분말초)	분말식초

ベ-be

일본명	한자명	한글명
べいか(베이카)	米菓(미과)	미과. 쌀로 만든 과자
べたらづけ(벳타라즈케)		누룩에 절인 무. 벳타이라 함
べにざけ(베니자케)	紅鮭(홍해)	홍송어
べにしょうが(베니쇼우가)	紅生姜(홍생강)	초생강. 생강의 뿌리 부분을 초절임한 것
べら(베라)	遍羅(편라)	놀래기
べんとう(벤토)	弁当(변당)	도시락

ほ-h/o

일본명	한자명	한글명
ほじちゃ(호지챠)	焙茶(배다)	번 차를 볶아서 달인 차로서, 강한 향이 있어 맛이 좋음
ほしょまき(호소마키)	奉書卷(봉서권)	종이로 싸서 말은 것과 같이 무를 돌려 깎기 하여 재료를 말아 싼 요리
ほしょやき(호쇼야키)	奉書燒(봉서소)	재료를 닥나무로 만든 종이로 싸서 오븐에 굽는 요리
ほちょ(호쵸)	包丁(포정)	조리용 칼. 원래는 조리사를 지칭하는 용어였다.
ほちょかけ(호쵸카케)	包丁卦(포정괘)	칼집
ほうぼう(호우보우)	魴(방)	성대
ほうれんそう(호렌소우)	菠薐草(파릉초)	시금치
ほうろく(호로쿠)	焙烙(배락)	넓고 둥근 질냄비
ほうろくやき(호로쿠야키)	焙烙燒(배락소)	냄비에 소금을 깔고 어패류나 야채 등을 올려놓고 익힌 요리
ほしあわび(호시아와비)	干鮑(간포)	말린 전복
ほしいい(호시이이)	乾飯(건반)	건면. 마른 우동
ほしうどん(호시우동)		말린 밥. 보존을 위해 건조시킨 것
ほしえび(호시에비)	干海老(간해로)	말린 새우
ほしかいばしら(호시카이바시라)	干貝柱(간패주)	말린 조개관자. 가누베이라고도 함
ほしがき(호시카키)	干柿(간시)	곶감
ほしがれい(호시가레이)	星鰈(성접)	노랑가자미
ほしざめ(호시자메)	星鮫(성교)	별 상어
ほししいたけ(호시시이타케)	乾椎茸(건추용)	건표고
ほしそば(호시소바)	干蕎麥(간교맥)	건메밀국수
ほしなまこ(호시나마코)	干海鼠(간해서)	건해삼
ほしぶどう(호시부도우)	干葡陶(간포도)	건포도
ほそまきずし(호소마키즈시)	細卷鮨(세권지)	김 반장으로 말아낸 가는 김초밥
ほたてがい(호타테가이)	帆立貝(범립패)	가리비
ほたるいか(호테루이카)	螢烏賊(형오적)	꼴뚜기
ほっきがい(홋키가이)	北奇貝(북기패)	함박조개
ほっけ(홋케)		임연수어
ほっこくあかえび(홋코쿠아카에비)	北國赤海老(북국적해로)	아마에비
ほねきり(호네키리)	骨切(골절)	가는 잔가시를 발라내지 않고, 잘라가며 생선살을 오로시하는 것
ほねぬき(호네누키)	骨拔(골발)	생선의 잔가시를 제거하는 기구(핀셋)
ほや(호야)	海鞘(해초)	멍게
ぼら(보라)	鯔(치)	숭어

ポンず(폰즈)	果汁酢(과즙초)	카보스나 스다치 등을 이용하여 만든 혼합초. 근래에는 식초, 간장, 다시를 사용하여 만든다.
ほんぜんりょうリ(혼젠료리)	本膳料理(본선요리)	일본요리 형식의 기초가 된 일본의 사찰요리
ほんだわら(혼다와라)	神馬藻(신마조)	모자반
ほんなおし(혼나오시)	本直(본직)	미림에 소주를 섞은 요리 술
ほんぶし(혼부시)	本節(본절)	고급품의 가쓰오부시
ほんまぐろ(혼마구로)	本鮪(본유)	참다랑어

ま -ma

일본명	한자명	한글명
まあじ(마아지)	真鯵(진소)	전갱이
まいか(마이카)	眞烏賊(진오적)	동경에서는 고우이카(갑오징어), 북해도에서는 스루메이카, 야마구치에서는 켄사키이카를 지칭함
まいわし(마이와시)	眞鰯(진약)	정어리
まかじき(마카지키)	眞梶木(진미목)	청새치
まきす(마키스)	卷簀(권책)	김발. 대나무 발로서, 마키즈시를 마는 도구
まきずし(마키즈시)	卷鮨(권지)	김초밥
まくのうち(마쿠노우치)	幕内(막내)	밥과 각종의 반찬을 담은 도시락
まこがれい(마코가레이)	眞子鰈(진자접)	문치가자미
まこんぶ(마곤부)	眞昆布(진곤포)	다시마 중에서 가장 크고 맛이 좋은 고급 다시마
まさごあえ(마사고아에)	眞砂和(진사화)	대구나 청어의 알처럼 크기가 작은 알을 술로 씻어 채썬 재료에 섞어 무친 요리
まさごあげ(마사고아게)	眞砂揚(진사양)	미징코나 겨자씨 등 모래알같이 작은 알갱이를 재료에 묻혀 튀긴 튀김
まさば(마사바)	眞鯖(진청)	고등어
ます(마스)	鱒(준)	송어
まぜめし(마제메시)	混飯(혼반)	재료에 따로 진한 맛으로 조미하여 밥과 섞어낸 요리(비빔밥)
まだい(마다이)	眞鯛(진조)	참도미
まだこ(마사코)	眞蛸(진소)	참문어
まだら(마다라)	眞鱈(진설)	대구
まつかさいか(마츠카사이카)	松笠烏賊(송립오적)	오징어 몸에 가늘고 비스듬하게 격자형 칼집을 넣어, 끓는 물에 데쳐 솔방울 모양을 낸 것
まつかさだい(마츠카사다이)	松笠鯛(송립조)	비늘을 제거한 도미의 살을 끓는 물에 데쳐낸 것
まつかわごぼう(마츠카와고보)	松皮牛芳(송피우방)	우엉의 껍질을 벗기지 않고 조린 요리. 우엉의 표면이 소나무와 같이 보인다 하여 붙여진 이름

일본명	한자명	한글명
まつかわずくり(마츠카와즈쿠리)	松皮作リ(송피작)	작은 도미를 시모후리하여, 껍질을 벗기지 않고 만든 생선회 요리=시모후리즈쿠리
まつさかうし(마츠사카우시)	松板牛(송판우)	마츠사카 쇠고기. 소에게 특수 사료와 맥주를 먹이고, 마사지를 해서 육질을 부드럽게 만들어가며 키운 것
まつだけ(마츠다케)	松茸(송용)	송이버섯. 자연송이
まつだけめし(마츠타케메시)	松茸飯(송용반)	곤부다시에 송이와 소금, 간장, 술로 조미하여 지은 밥
まっちゃ(맛챠)	抹茶(말차)	녹차를 갈아서 분말로 한 고급 가루차=히키챠
まつのみ(마츠노미)	松實(송실)	잣
まつばあげ(마츠바아게)	松葉揚(송엽양)	마른 소면이나 건메밀 국수를 1㎝ 정도로 잘라 재료의 겉에 묻혀서 튀겨낸 튀김
まつばおろし(마츠바오로시)	松葉卸(송엽사)	생선손질 법 중 하나로, 다이묘 오로시하여 가운데 뼈만을 제거하는 것
まつばがに(마츠바가니)	松葉蟹(송엽해)	바다참게=즈와이가니
まつばぎり(마츠바기리)	松葉切(송엽절)	재료를 솔잎처럼 가늘게 써는 것. 또는 썰어 놓은 것
まつばやき(마츠바야키)	松葉燒(송엽소)	솔잎을 깔아 향이 배게 굽는 요리
まつまえず(마츠마에즈)	松前酢(송전초)	다시마를 첨가하여 지미성분을 우려내어 만든 혼합초
まないた(마나이타)	俎板(조판)	도마
まながつお(마나가츠오)	眞漁鰹(진어견)	병어
まなばし(마나바시)	眞魚著(진어저)	생선을 손질할 때 또는, 생선회를 담을 때 사용하는 젓가락
まはた(마하타)	眞羽太(진우태)	능성어
まむし(마무시)	眞蒸(진증)	지방에서 만들어진 덮밥요리. 마부시라고도 함
まめ(마메)	豆(두)	콩
まめみそ(마메미소)	豆味噌(두미쟁)	콩된장
まめもやし(마메모야시)	豆萌(두맹)	콩나물
まるあげ(마루아게)	丸揚(환양)	생선이나 닭고기 등의 재료를 손질하여 물에 씻어 통째로 기름에 튀기는 것
まるに(마루니)	丸煮(환자)	재료를 자르지 않고 통째로 끓이거나 조리는 것. 또는 자라조림요리
まんじゅう(만쥬)	饅頭(만두)	만두
まんぼう(만보)	翻車魚(번차어)	개복치

み-mi

일본명	한자명	한글명
みじんぎリ(미진기리)	微塵切(미진절)	잘게 다지듯 써는 것
みじんこ(미진코)	微塵粉(미진분)	쪄서 말린 찹쌀을 분쇄한 것

일본명	한자명	한글명
みじんこあげ(미진코아게)	微塵粉揚(미진분양)	튀김재료에 미진코를 묻혀서 튀기는 것
みず(미즈)	水(수)	물
みずあめ(미즈아메)	水飴(수이)	물엿
みずがい(미즈가이)	水貝(수패)	여름철 전복회 요리
みずがし(미즈가시)	水菓子(수과자)	과일=쿠다모노
みずがらし(미즈가라시)	水芥子(수개자)	겨잣가루를 물에 풀어 갠 것
みずさいばし(미즈사이바이)	水栽培(수재배)	수경재배
みずぜり(미즈제리)	水芹(수근)	물미나리
みずだき(미즈다키)	水炊(수취)	닭고기 냄비요리
みそ(미소)	味噌(미소)	된장
みそしる(미소시루)	味噌汁(미쟁즙)	된장국
みそすき(미소스키)	味噌鋤(미쟁서)	된장으로 끓인 냄비요리로, 스키야키에 된장을 넣어 조리한 것
みそずけ(미소즈케)	味噌漬(미쟁지)	재료를 된장에 조미하여 절이는 것
みそに(미소니)	味噌煮(미쟁자)	각종 재료를 된장으로 진하게 조려낸 것
みつば(미츠바)	三葉(삼엽)	참나물, 파드득나물
みょうが(묘우가)	茗荷(명하)	생강순
みょうばん(묘우반)	明礬(명반)	명반
みりん(미림)	味醂(미림)	맛술
みる(미루)	海松(해송)	청각
みるがい(미루가이)	海松貝(해송패)	왕우럭조개

む-mu

일본명	한자명	한글명
むぎ(무기)	麥(맥)	보리
むきえび(무기에비)	剝海老(박해로)	껍질을 벗긴 새우의 살
むぎこ(무기코)	麥粉(맥분)	보릿가루
むぎこがし(무기코가시)	麥焦(맥초)	보리미숫가루
むぎちゃ(무기챠)	麥茶(맥다)	보리차
むぎみ(무기미)	剝身(박신)	조개의 살
むぎみそ(무기미소)	麥味噌(맥미쟁)	보리누룩을 삶은 콩에 넣어 숙성시켜 만든 된장
むぎめし(무기메시)	麥飯(맥반)	멥쌀에 보리를 섞어 지은 밥
むきもの(무키모노)	剝物(박물)	요리가 돋보이도록 식재료를 동물이나 꽃 등의 모양으로 세공한 것
むこいた(무코이타)	向板(향판)	생선을 취급하는 파트
むこずけ(무코즈케)	向付(향부)	회석요리에서 나오는 생선회
むしがれい(무시가레이)	虫鰈(충접)	물가자미
むしき(무시키)	蒸器(증기)	찜통, 찜기
むしもの(무시모노)	蒸物(증물)	찜요리
むしやき(무시야키)	蒸燒(증소)	간접구이 조리방법

일본명	한자명	한글명
むすび(무스비)	結(결)	매듭 또는 주먹밥
むつ(무츠)	鯥(륙)	게르치
むらさき(무라사키)	紫(자)	간장의 별칭

め-me

일본명	한자명	한글명
めいたがれい(메이타가레이)	眼板鰈(안판접)	도다리
めうち(메우치)	目打(목타)	조리용 송곳
めかじき(메카지키)	眼梶木(안미목)	황새치
めし(메시)	飯(반)	쌀로 지은밥
めじそ(메지소)	芽紫蘇(아자소)	어린 시소잎
めじな(메지나)	眼仁奈(안인내)	벵어돔
めしや(메시야)	飯屋(반옥)	음식점
めだまやき(메다마야키)	目玉燒(목옥소)	계란 프라이
めぬけ(메누케)	眼拔(안발)	눈이 큰 붉돔
めねぎ(메네기)	芽葱(아총)	파의 싹
めばち(메바치)	眼撥(안발)	눈다랑어
めばる(메바루)	眼張(안장)	볼락
めろん(메론)	西洋瓜(서양과)	머스크멜론
めんたい(멘타이)	明太(명태)	명태=스케토다라
めんたいこ(멘타이코)	明太子(명태자)	명태알에 고춧가루를 넣어 만든 젓갈
めんとり(멘토리)	面取り(면취)	요리에 사용하는 무, 순무 등의 면을 다듬는 것
めんるい(멘루이)	麵類(면류)	면요리

も-mo

일본명	한자명	한글명
もち(모치)	餅(병)	떡
もちこ(모치코)	餅粉(병분)	찹쌀가루
もちごめ(모치고메)	餅米(병미)	찹쌀
もつなべ(모츠나베)	臓物鍋(장물과)	곱창전골
もどす(모도스)	戾(려)	건조된 식재료를 물에 담가 불리거나 데워서, 원래의 상태로 복원하는 것
もなか(모나카)	最中(최중)	팥소를 사이에 두고 두 장을 붙여 만든 것
もみじおろし(모미지오로시)	紅葉卸(홍엽사)	무즙을 홍고추로 물들인 것
もみのり(모미노리)	揉海苔(유해태)	김을 구워 부순 김
もめんどふ(모멘도후)	木棉豆腐(목면두부)	두부를 탈수할 때 헝겊으로 덮었다고 하여 지어진 이름
もも(모모)	挑(도)	복숭아
ももにく(모모니쿠)	股肉(고육)	육류의 넓적다리 부위

ももやま(모모야마)	挑山(도산)	찹쌀반죽에 흰 팥소를 넣어 구운 과자
もやし(모야시)	萌(맹)	숙주나물
もりあわせ(모리아와세)	盛合(성합)	여러 가지 요리를 하나의 그릇에 모아 담는 것
もりそば(모리소바)	盛蕎麥(성교맥)	메밀국수
もりつけ(모리츠케)	盛付(성부)	음식을 담는 업무를 담당하는 조리사
もろこし(모로코시)	蜀黍(촉서)	수수

や-ya

일본명	한자명	한글명
やがら(야가라)	矢柄(시병)	홍대치
やかん(야칸)	藥缶(약부)	주전자
やぎ(야기)	山羊(산양)	염소
やきあみ(야키아미)	燒網(소망)	직화구이할 때 사용하는 석쇠
やきいも(야키이모)	燒芋(소우)	군고구마
やきぐり(야키구리)	燒栗(소률)	군밤
やきごめ(야키고메)	燒米(소미)	햅쌀
やきざかな(야키사카나)	燒魚(소어)	생선구이
やきしお(야키시오)	燒塩(소염)	볶은 소금
やきしも(야키시모)	燒霜(소상)	재료의 표면만 강한 불에 구워 만든 생선회의 조리
やきそば(야키소바)	燒喬麥(소교맥)	볶음 메밀국수
やきどうふ(야키도후)	燒豆腐(소두부)	구운두부
やきとり(야키도리)	燒鳥(소조)	닭 꼬치구이
やきのり(야키노리)	燒海苔(소해태)	구운 김
やきはまぐり(야키하마구리)	燒蛤(소합)	대합구이
やきめ(야키메)	燒目(소목)	재료를 구워서 겉 표면에 탄 자국이 남은 것
やきめし(야키메시)	燒飯(소반)	볶음밥
やきもち(야키모치)	燒餅(소병)	구운 떡
やきもの(야키모노)	蔬物(소물)	구운 요리
やくみ(야쿠미)	樂味(약미)	요리에 곁들이는 양념
やさい(야사이)	野菜(야채)	야채
やし(야시)	椰子(야자)	야자
やすりぼう(야스리보)	鑢奉(려봉)	양도(羊刀)의 날을 가는 금속도구
やつめうなぎ(야츠메우나기)	八目鰻(팔목만)	칠성장어
やなぎば(야나기바)	柳刃(류인)	끝이 뾰족한 생선회 칼(관서형)
やばねれんこん(야바네렌콘)	矢羽根蓮根 (시우근련근)	초절임한 연근을 살깃 모양으로 자른 것
やまいも(야마이모)	山芋(산우)	산마
やまかけ(야마카케)	山掛(산괘)	산마즙 위에 참치, 와다 등을 넣은 음식

일본명	한자명	한글명
やまめ(야마메)	山女(산녀)	담수에서 자란 송어, 산천어
やりいか(야리이카)	槍烏賊(창오적)	한치
やわらかに(야와라카니)	柔煮(유자)	문어, 오징어 등의 건어물을 장시간 조려서 부드럽게 하는 것

ゆ-yu

일본명	한자명	한글명
ゆあらい(유아라이)	湯洗(탕세)	회를 더운물에 살짝 데쳐 냉수에 담갔다가 건진 것
ゆあんやき(유안야키)	幽庵燒(유암소)	간장에 미림, 유자즙을 섞어 재료를 담갔다가 굽는 구이요리
ゆば(유바)	湯葉(탕엽)	두유를 가열할 때 표면에 응고된 막
ゆびき(유비키)	湯引(탕인)	생선살을 끓는 물에 데쳐 냉수로 식혀 만든 생선회
ゆむき(유무키)	湯剝(탕박)	재료를 뜨거운 물에 담갔다가 껍질을 벗기는 것
ゆりね(유리네)	百合根(백합근)	백합뿌리

よ-yo

일본명	한자명	한글명
ようかん(요우칸)	羊羹(양갱)	팥과 한천으로 만든 과자의 일종
ようじ(요우지)	揚枝(양지)	이쑤시개
よしの(요시노)	吉野(길야)	칡전분
よせな(요세나)	寄菜(기채)	재료를 착색하기 위해 녹색 채소를 으깨어 물을 넣고 거름망으로 걸러내 푸른색 섬유질만 모아 놓은 것
よせなべ(요세나베)	奇鍋(기과)	모둠냄비
よせもの(요세모노)	奇物(기물)	흰 살생선을 스리미로 가공하여 만든 식품
よねず(요네즈)	米酢(미초)	쌀로 만든 양조식초
よびしお(요비시오)	呼塩(호염)	염장된 재료를 약한 소금물에 담가 소금기를 빼는 것
よもぎ(요모기)	蓬(봉)	쑥
よりうど(요리우도)	縒獨活(착독활)	두릅을 얇게 깎아 비스듬히 잘라 섬유질이 꼬이게 만드는 것으로 생선회에 장식용으로 사용한다. 무나 당근을 사용하기도 함

ら-ra

일본명	한자명	한글명
らいぎょ(라이교)	雷魚(뢰어)	가물치
らっかせい(랏카세이)	落花生(낙화생)	땅콩
らっぎょ(랏교)	棘薑(극강)	염교

らんぎり(란기리)	亂切(난절)	야채를 돌려가며 칼로 어슷하게 잘라 삼각 모양이 나도록 자르는 것
らんぎり(란기리)	卵切(난절)	면의 반죽에 끈기를 주기 위해 물 대신 계란흰자를 넣고 반죽한 국수
らんめん(란멘)	卵麵(난면)	계란과 밀가루로 만든 우동면
らんもり(란모리)	亂盛リ(난성)	일정한 형식 없이 담는 방법

リ -ri

일본명	한자명	한글명
りょうまつおり(료우마츠오리)	兩妻折(양처절)	길이가 긴 생선을 구울 때 양쪽을 구부려 꼬챙이에 꿰는 방식
りょうり(료리)	料理(요리)	식품에 조리조작을 가하여 만든 음식
りょくちゃ(료쿠챠)	綠茶(녹차)	녹차
りんご(링고)	林檎(림금)	사과
りんごしゅ(링고슈)	林檎酒(림금주)	사과주

れ -re

일본명	한자명	한글명
れいし(레이시)	荔枝(려지)	여주
れんこたい(렌코타이)	蓮子鯛(련자조)	황돔
れんこん(렌콘)	蓮根(련근)	연근

ろ -ro

일본명	한자명	한글명
ろばたやき(로바다야키)	炉端焼き(로단소)	술안주용 꼬치구이

わ -wa

일본명	한자명	한글명
わかさき(와카사키)	公魚(공어)	빙어
わがし(와가시)	和菓子(화과자)	화과자. 일본과자
わかめ(와카메)	若布(약포)	미역
わぎり(와기리)	輪切(륜절)	둥근 모양의 재료를 길게 놓고 써는 것
わけぎ(와케기)	分葱(분총)	당파. 실파
わさび(와사비)	山葵(산규)	고추냉이
わさんぼん(와산본)	和三盆(화삼분)	세 번 정제하여 만든 고급 설탕
わしょく(와쇼쿠)	和食(화식)	일본식의 식사
わた(와타)	腸(장)	내장(창자)
わたりかに(와타리카니)	渡蟹(도해)	꽃게
わらび(와라비)	蕨(궐)	고사리

わらびこ(와라비코)	蕨粉(궐분)	고사리전분
わらびもち(와라비모찌)	蕨餅(궐병)	고사리전분으로 만든 떡
わりした(와리시타)	割下(할하)	냄비요리에 사용하기 위해 미리 간장, 설탕, 미림 등의 조미료로 간을 해 끓여 놓은 국물
わりしょうゆ(와리쇼유)	割醬油(할장유)	간장을 다시로 희석한 것
わりばし(와리바시)	割箸(할저)	일회용 나무젓가락
わん(완)	椀(완)	음식물을 담는 그릇
わんだね(완다네)	椀種(완종)	맑은국의 주재료
わんつま(완츠마)	椀妻(완처)	맑은국의 주재료에 곁들여지는 부재료
わんもり(완모리)	椀盛(완성)	그릇에 담아낸 국물요리

참고문헌

기초일본요리, 구본호, 백산출판사

에센스 세계의 음식문화, 이훈희 외, 지구문화사

일본요리, 박계영 외, 백산출판사

일본요리의 이해, 장철호, 백산출판사.

일본요리용어사전, 설성수, 다형출판사

네이버 지식백과

기초일식조리, 이훈희, 백산출판사

저자약력

이훈희

학력사항

- 초당대학교 조리과학과 졸업(석사)

현장경력

- 일식당 마쓰야마 근무
- 르네상스 서울호텔 일식부 근무

사회활동

- (사)한국외식산업경영학회 이사
- (사)조리기능인협회 상임이사
- 대한민국 국제요리경연대회 심사위원
- 푸드앤테이블웨어박람회 심사위원
- 향토식문화대전 심사위원

기타 경력사항

- 동원대학 호텔조리과 외래교수
- 한국호텔전문학교 외래교수
- 신안산대학 호텔외식경영학과 외래교수
- 한국호텔관광전문학교 호텔조리과 교수
- 서울국제조리학교&학원전 쿠킹 콘서트 시연 초빙
- 전국해산물요리 경연대회 참치 해체 시연 초빙
- 채널A 먹거리 X파일, MBC 글로벌 일자리 프로젝트 세계를 보라, 국군방송 등 출연
- 안산시 위생모범업소 선정 심사위원

김성곤

경성대학교 호텔관광 외식경영학 박사
영산대학교 조리예술전공 석사
국가공인 조리기능장
힐튼 부산 호텔 조리부 근무
파크 하얏트 부산 호텔 조리부 근무
농심 호텔 조리부 근무
(사)부산 조리사 협회 이사
現) 부산과학기술대학교 호텔외식조리과 교수

이병국

경기대학교 일반대학원 관광학 박사
경기대학교 관광전문대학원 관광학 석사
대한민국 조리기능장
기능경기대회 출제위원 및 검토위원
전국기능경기대회 심사위원
서울국제요리대회 심사위원
WACS세계국제요리대회 심사위원
조리기능사, 산업기사 심사위원
대한민국조리기능장 심사위원
한화호텔앤드리조트 근무
現) 경동대학교 호텔조리학과 교수

저자와의
합의하에
인지첩부
생략

고급일식조리

2021년 2월 15일 초판 1쇄 인쇄
2021년 2월 20일 초판 1쇄 발행

지은이 이훈희·김성곤·이병국
펴낸이 진욱상
펴낸곳 백산출판사
교 정 편집부
본문디자인 장진희
표지디자인 오정은

등 록 1974년 1월 9일 제406-1974-000001호
주 소 경기도 파주시 회동길 370(백산빌딩 3층)
전 화 02-914-1621(代)
팩 스 031-955-9911
이메일 edit@ibaeksan.kr
홈페이지 www.ibaeksan.kr

ISBN 979-11-6639-134-7 13590
값 20,000원

● 파본은 구입하신 서점에서 교환해 드립니다.
● 저작권법에 의해 보호를 받는 저작물이므로 무단전재와 복제를 금합니다.
  이를 위반시 5년 이하의 징역 또는 5천만원 이하의 벌금에 처하거나 이를 병과할 수 있습니다.